BARBOTAN

(GERS)

EAUX ET BOUES MINÉRALES

ANALOGIES avec quelques sources de CAUTERETS

CONSEILS AUX BAIGNEURS

LA FRANCE ET L'ALLEMAGNE

AU POINT DE VUE DES SOURCES MINÉRALES

Par le Docteur E. DE LARBÉS

Médecin consultant aux eaux de Cauterets; ancien Médecin A.-major de l'armée;
Membre correspondant de la Société Médicale d'émulation de Paris, et de
la Société de Médecine, Chirurgie et Pharmacie de Toulouse.

TOULOUSE

IMPRIMERIE LOUIS & JEAN-MATTHIEU DOULADOURE

Rue Saint-Rome, 39

1872

A

Monsieur le Baron H. LARREY

Président du Conseil de santé de l'armée, Membre de l'Institut.

Faible témoignage de ma haute Estime et de ma profonde Reconnaissance.

AVANT-PROPOS

———

Depuis longues années, nous avons constaté l'efficacité des eaux et des boues de Barbotan, non-seulement par les nombreux malades que nous y avons envoyés, mais encore sur nous-même ; aussi croyons-nous remplir un devoir de reconnaissance bien légitime que de signaler au public les précieuses ressources que nous a démontrées l'étude de ces eaux et le rôle important que cette station est appelée à jouer dans la thérapeutique thermale par la diversité de ses principes minéralisateurs.

Dans nos recherches sur les travaux modernes relatifs à Barbotan, nous n'avons pu découvrir qu'un seul Mémoire, écrit, sous le titre modeste de Notice, par M. le docteur Labarthe, de Cazaubon. Cet exposé, très-bien écrit, renferme en peu de mots beaucoup d'indications, mais il est trop concis et manque de développements physiologiques et pathologiques (1).

Frappé, d'un autre côté, des cures vraiment merveilleuses opérées sous nos yeux, cette station nous a inspiré un intérêt qui n'a fait que grandir par l'étude des propriétés variées dont les eaux et les boues sont douées dans une infinité de maladies. Mais, en voulant retracer leur histoire et rendre compte de leurs vertus curatives, nous ne nous dissimulons nullement combien nous avons besoin d'indulgence, Barbotan n'ayant pas encore eu les honneurs, pour chacune de ses sources, d'une analyse quantitative. Nous espérons qu'à ce propos, le propriétaire obtiendra de l'Etat sa puissante intervention ; et celui-ci, nous en sommes certains d'avance, puisqu'il s'agit d'une question qui se rattache aux plus chers intérêts de l'humanité, ne tardera pas, l'Académie de médecine ayant été déjà consultée, à obtempérer à la demande des intéressés.

Nous exposerons donc, en premier lieu, l'importance des eaux minérales, l'ancienne renommée de Barbotan, ses titres séculaires et la haute considération dont elles sont aujourd'hui même l'objet de quelques praticiens éminents.

(1) Notre travail était terminé quand les documents de Chesneau, d'Isaac et Duffau nous ont été confiés.

Nous reproduirons successivement, nous aidant de documents mis à notre disposition et de notes personnelles, les résultats obtenus jusqu'à ce jour par les chimistes et les médecins distingués qui se sont occupés de ces eaux ; nous nous attacherons, autant que possible, à faire ressortir les éléments principaux de leur composition, et nous ferons, au fur et à mesure, la description détaillée de chacun des établissements thermaux.

Puis, dans la troisième partie, nous traiterons des effets physiologiques et pathologiques des eaux résultant du traitement intérieur et des applications externes. Nous établirons en outre des termes de comparaison entre leur composition et celle de quelques sources de Cauterets ; et nous en déduirons des analogies par la similitude de leurs effets thérapeutiques.

La quatrième partie comprendra l'action générale des eaux et des boues sur les maladies, et l'énumération des affections auxquelles chaque source convient d'une manière plus spéciale. Ce chapitre sera suivi d'un certain nombre d'observations relatives aux cures qui s'opèrent communément à Barbotan par l'usage bien combiné des unes et des autres, et d'un exposé général sur le rhumatisme.

Enfin, dans la cinquième partie, nous croyons être utile et agréable à la fois aux baigneurs en exposant une série de conseils relatifs à leur tenue, à leur régime, à leur conduite, soit au dedans soit en dehors des établissements. Ils ne sauraient, en effet, s'écarter, il faut qu'ils en soient bien convaincus, des préceptes d'hygiène indiqués, sans s'exposer à fausser le résultat du traitement.

D'un côté donc, séduit par l'attrait d'une station intéressante, autant qu'entraîné par le désir de nous instruire personnellement sur sa valeur réelle ; d'autre part, contraint par les instances de quelques amis qui nous ont exprimé le regret de n'avoir pas, comme dans toutes les autres stations en général, un opuscule un peu détaillé sur les vertus curatives de Barbotan, nous nous sommes mis à l'œuvre. Heureux si nos efforts peuvent en partie donner satisfaction au public désireux, en attendant que des confrères plus autorisés viennent mettre au jour le résultat de leur longue expérience !

ÉTUDE MÉDICALE

SUR LES

EAUX ET BOUES

MINÉRALES SULFUREUSES

DE

BARBOTAN-LES-BAINS

~~~~~~

Première Partie.

§ I.

IMPORTANCE DES EAUX THERMALES.

Les anciens, qui avaient institué un Dieu pour chaque chose utile, placèrent les eaux thermales sous la protection de la déesse Vorvone. En reconnaissance, plusieurs malades qui avaient recouvré la santé par l'usage de ces eaux, firent élever des temples en l'honneur de cette déesse, avec des inscriptions votives.

De tout temps, les peuples ont accordé aux bains les plus grands avantages pour la santé de l'homme. En effet, les Egyptiens, les Perses et les Grecs, même aux temps fabuleux de leur histoire, semblent avoir fait usage des bains. Homère fait ainsi parler Ulysse, racontant ses aventures dans le palais magique de Circé : « Une nymphe apporta de l'eau, alluma le feu et dis-
» posa tout pour le bain. J'y entrai quand tout fut prêt ; on

» versa l'eau chaude sur ma tête, sur mes épaules ; on me par-
» fuma d'essences exquises , et lorsque je ne me ressentis plus
» de la lassitude de tant de peines et de maux que j'avais souf-
» ferts, et que je voulus sortir du bain, on me couvrit d'une
» belle tunique et d'un manteau magnifique. » (*Dict. des sc. méd.*
en 60 vol., t. 2, p. 520.) Et plus loin : Ces peuples honoraient
les sources d'eau chaude comme un second Apollon sur la terre ;
ils les avaient dédiées à Hercule , le dieu de la force (Aristo-
phane, *Com. des Nuées*). Savonarole fait venir le mot Βαλανειον,
bain, de Βαλλω : je chasse, et d'ανια , douleur.

Mais c'est surtout chez les Romains que l'usage des bains eut
les plus grands honneurs. Vitruve , Pline , Baccius et Mercu-
rialis , écrivains et commentateurs de cette époque , en ont
donné de longs et intéressants détails. Au dire de ces historiens
célèbres, les établissements des bains étaient très-sagement ré-
glementés , sous le rapport de la propreté , ainsi que de la décence.

Nous ne parlerons pas des bains en usage chez tant d'autres
peuples ; ce serait nous écarter de notre sujet. Nous avons seulement voulu montrer au lecteur que si nous sommes à une époque de faveur pour les eaux, à l'instar des peuples de l'antiquité , nous avons la même propension pour les choses utiles ,
propension d'autant plus légitime chez nous , que les sciences ,
dans leurs progrès modernes, sont venues nous faire découvrir,
en partie du moins, le secret de la composition intime des eaux,
et nous rendre compte , dans certaines circonstances , de leur
action thérapeutique dans un grand nombre d'affections.

DOCUMENTS HISTORIQUES.

Si nous consultons les documents historiques relatifs à la station de Barbotan, nous devons avouer qu'au point de vue médical , elle n'est pas aujourd'hui à la hauteur de son ancienne
réputation. D'après nos recherches, sa puissance médicatrice

remonte à l'invasion des Gaules par les Romains (1). On a trouvé dans les fouilles de l'établissement actuel des médailles d'origine romaine. L'histoire nous apprend, en outre, que c'est à proximité de la ville des Sociates (Sos), et d'Elensis (Eauze), qu'ils fondèrent un établissement balnéaire ; et il est hors de doute que cet établissement ne pouvait exister qu'à Barbotan. Ces deux villes, Sos et Eauze, furent, en effet, longtemps occupées par nos conquérants ; ils les avaient ralliées par une voie dont il reste encore quelques traces, et qui, appelée Césarienne dans l'histoire, est désignée par *Tenarèse* dans le pays.

« En 1567, le maréchal de Montluc se rendit aux bains de » Barbotan, sur l'avis de son médecin, pour une douleur à la » cuisse. L'évêque de Condom, les sieurs de Saint-Orens et de » Tilladet, l'y accompagnèrent. »

« En 1649, un nommé Jean Pelors se rendit de Lyon à Barbotan pour y guérir d'une paralysie. Ce fait est consigné dans Lebrun, *Traité des successions*, p. 51, édit. de 1775.

» Nicolas Chesneau fit un traité sur le rhumatisme en 1629. Ce médecin venait tous les ans de Marseille à Barbotan pour y traiter ses malades. Son livre était intitulé : *Discours et abrégé des vertus et propriétés des eaux de Barbotan en comté d'Armagnac.*

» Enfin, un nommé Isaac G..., maître ès-arts et en chirurgie, publia, en 1775, un traité ayant pour titre : *Essai physio-pathologique sur la nature , les qualités et les effets des bains et boues de Barbotan; sur les maladies de même espèce auxquelles elles conviennent en certains cas, et non en d'autres.* »

Ces deux ouvrages, dit M. le docteur Labarthe, ne permettent aucun doute sur la vogue alors acquise aux eaux de Barbotan et sur leur efficacité. Dans une ode adressée à Chesneau, sur son livre *Des Eaux de Barbotan*, un malade reconnaissant écrit les vers suivants :

(1) Nous empruntons la plupart des renseignements qui vont suivre à la Notice de M. le docteur Labarthe.

Jamais le sablon du Pactole
N'estala de si beaux trésors
Que Barbotan , par les efforts ,
Chesneau de ta docte parole ;
Car ceux que ton livre en instruit ,
Venant pour en cueillir le fruit ,
Du bout de la terre habitable ,
Changent l'or qu'ils y ont porté
Avec le bien le plus estimable
De la vie et de la santé.

Et à la page 0 de son ouvrage, Isaac C... s'exprime encore en ces termes :

« Sur la réputation qu'à juste titre ces bains et ces boues se sont acquise par leurs merveilleux effets , on y voit accourir , de toutes parts et en foule, des personnes de toute condition pour y puiser la santé. J'y ai vu , ajoute-t-il , non-seulement des Français des plus reculées provinces , mais encore des Espagnols, des Anglais, des Irlandais, j'y ai vu enfin des personnes des divers royaumes de l'Europe. »

« En 1784 , M. Duffau, médecin à Mont-de-Marsan , inspecteur des eaux et boues de Barbotan , publia un traité qu'il intitula : *Recherches théoriques et pratiques sur les eaux minérales de Barbotan , ses bains et ses boues.* »

Le *Dictionnaire des sciences médicales* , imprimé en 1842 à Paris, Panckoucke, éditeur , fournit le renseignement suivant à l'article Boue : Les principales boues minérales se trouvent à Saint-Amand , Bagnères-de-Luchon, Barbotan , etc.

Nous terminons cette série de citations par les appréciations toutes récentes des praticiens les plus experts en cette matière :

M. Mary Durand , directeur et rédacteur en chef du *Courrier médical* , nous écrivait , il y a deux ans , à peu près en ces termes : « Nous connaissons , M. Constantin James et » moi, la grande importance des eaux et boues de Barbotan ; » nous sommes aussi très-étonnés que l'on ne donne pas à cette » station une plus grande publicité. »

Et le 4 décembre dernier, notre distingué confrère de Cauterets, M. Gigot Suard, nous faisant part de son opinion sur ce même sujet, s'exprimait ainsi : « C'est une station (Barbotan) » malheureusement trop négligée, et qui cependant peut rendre » de grands services dans les affections rhumatismales. »

Topographie. — Barbotan est un petit village du département du Gers, situé dans un bas fond, de forme ellyptique, dont l'axe principal est dans le sens de l'est à l'ouest, interrompu au midi par une gorge étroite et courbe, qui déverse ses eaux vers Cazaubon, son chef-lieu à la fois de commune et de canton.

Le fond de cette enceinte mesurant une contenance d'environ cinq hectares, est occupé dans sa moitié au couchant, par le grand hôtel avec ses dépendances, par les Établissements des Bains, des Douches, des Boues et les Buvettes ; enfin par le village même qui peut compter une vingtaine de feux. Celui-ci est traversé par la route départementale d'Agen à Mont-de-Marsan.

A l'entrée du village existe une église, que la tradition fait remonter à l'époque de l'ordre des Templiers (commencement du xvᵉ siècle). Les pilastres à nervures divergentes en sont un témoignage authentique. Cette église, ainsi que quelques maisons qui s'en rapprochent, sont bâties sur pilotis, à cause de la mobilité du sol, constitué par une tourbe constamment détrempée par des filtrations d'eaux minérales. Et, bien que l'église soit en élévation par rapport aux terrains environnants, on voit s'échapper au pied de l'édifice, même jusque dans son intérieur, des filets d'eau de même nature que celle des sources utilisées. Le village et tous les établissements thermaux sont ombragés par des grands arbres d'une venue magnifique.

Le reste de l'enceinte, au levant, présente une vaste prairie et un marais composé d'une tourbe noirâtre, où la moindre dépression du sol s'emplit d'eau à l'instant, preuve manifeste d'une poussée continuelle des eaux des profondeurs à la surface.

Si nous portons nos regards sur les coteaux qui circonscrivent ce bassin, nous découvrons de toutes parts de nombreux vignobles, dont le produit mérite à juste titre la réputation qui lui est acquise dans le commerce sous le nom d'*eau-de-vie du bas Armagnac*. Mais malgré la fertilité du sol et la disposition pittoresque du paysage, la vue serait peu récréée, sans la magnifique habitation du Chalet, qui domine, au sud-ouest, tous les établissements ainsi que le village. M. le comte de Barbotan fit élever, il y a dix ans à peine, cette gracieuse construction, à côté d'une antique tourelle, vieux débris de l'ancienne demeure des Comtes de Barbotan. C'est de ce plateau que l'œil peut contempler le plus beau spectacle qu'il soit possible de voir. Tout le pays du haut et du bas Armagnac s'étale en monticules variés à l'infini, en collines d'une riche végétation ; et les derniers horizons de cette immense perspective semblent se confondre avec la base des Pyrénées, qui donnent à ce vaste panorama un aspect imposant et vraiment majestueux.

§ II.

CLIMATOLOGIE.

Le site de Barbotan dans un bas-fond où la vue ne découvre de loin qu'une masse de verdure, procure à cette localité de précieux avantages pour le traitement de beaucoup de maladies. En effet, entouré de tout côtés, excepté au midi sur un point très-limité, par des coteaux reliés entre eux, Barbotan se trouve abrité complétement contre les vents généraux, et jouit ainsi d'une atmosphère calme et paisible. Cette considération est très-importante et très-favorable au traitement des affections pulmonaires et rhumatismales. Cette heureuse position, dit le docteur Labarthe, « permet d'affirmer que, dans toutes les saisons, les maladies d'origine rhumatismale, pourraient avec succès être soignées dans cette station. »

En outre, les oscillations de la nuit au jour sont relativement peu marquées. En voici la raison : les filtrations nombreuses des eaux chaudes qui sourdent autour des établissements, cèdent au sol une partie de leur calorique, et réchauffent d'une manière continue les couches inférieures de l'air directement en contact

avec lui. Celles-ci perdant de leur densité spécifique, s'élèvent
et communiquent leur chaleur propre aux couches supérieures,
qui la cèdent à leur tour à des couches plus élevées. L'atmosphère acquiert de la sorte une calorification particulière jusqu'à
une certaine hauteur. Mais, l'inclinaison des terrains qui circonscrivent Barbotan contribue de son côté à augmenter, vers le
tantôt, sa température générale; ces pentes en effet recueillent
et concentrent les rayons solaires à la façon des surfaces réflé-
chissantes ; cependant, hâtons-nous de le dire , ce surcroît de
chaleur est admirablement tempéré par le feuillage épais d'une
végétation luxuriante.

Saison des eaux. — La saison des eaux à Barbotan commence
ordinairement en mai, et finit en octobre. Mais, ainsi que nous
l'avons dit plus haut , il serait possible d'y suivre un traitement
pendant l'hiver , dans des conditions moins favorables de succès
sans doute à cause de la chaleur.

Le mois de juillet et d'août y sont très-chauds habituellement.
Aussi pour les personnes qui redoutent une température élevée ,
nous leur conseillerons de s'y rendre en mai , juin ou septembre.
Ces mois conviennent mieux aux affections purement nerveuses ,
à l'anémie, à la chlorose, à la dysménorrhée, aux affections
de l'utérus et de ses annexes, aux dyspepsies, à la chorée,
au tremblement nerveux , à la paralysie à l'ataxie-locomotrice,
à la bronchite, à la néphrite, à la gravelle, etc... tandis que les
mois de juillet et d'août seront plus favorables au traitement
des affections rhumatismales , des engorgements chroniques du
foie et de la rate ; du rachitisme , de la scrophule , de la
syphilis , du flux chronique , de l'urèthre , du catarrhe vésical
et des affections dartreuses en général. L'expérience a démontré
que les eaux de Barbotan avait une fâcheuse influence contre
les rhumatismes goutteux. Tous les Praticiens semblent
cependant ne pas partager cette opinion ; nous aurons occasion
de revenir plus tard sur ce point.

Conditions hygiéniques. — L'évaporation considérable qui se
produit sur une grande étendue, donne à l'air des propriétés

hygrométriques qui doivent engager les baigneurs à se prémunir, le matin et le soir, contre leur fâcheuse influence. Il sera utile dans ce cas de faire usage de vêtements de laine, outre que cette étoffe est moins perméable à l'humidité, elle a la propriété de rendre moins sensibles les variations de la température.

§ III.

Constitution Médicale.

Nous ne saurions avoir la prétention de dresser rigoureusement la constitution médicale de Barbotan, car pour cela il faudrait avoir établi, pendant plusieurs années consécutives, des tables quotidiennes de tous les phénomènes météorologiques, telles que les variations du froid au chaud et réciproquement, la pression de l'air, son humidité, sa sécheresse, la direction des vents et les varitions brusques que subit la température suivant telle ou telle circonstance.

D'après les renseignements puisés à bonne source, nous nous sommes assuré que le pays offre rarement des épidémies, et que l'état sanitaire y est généralement bon. A l'époque où les sources n'étaient pas captées, qu'elles émergeaient du sol par des filtrations nombreuses, et que les boues étaient en plein air, on voyait, dit-on, des cas de fièvre paludéenne se produire dans la localité. Mais, depuis que l'on a réuni les principaux filets d'eau, qu'on a drainé les terrains, et que l'on a renfermé les eaux thermales ainsi que les boues dans des établissements appropriés, tout le monde s'accorde à reconnaître l'absence de toute influence constitutionnelle. Du reste, depuis longtemps nous envoyons chaque année un grand nombre de malades à cette station, et je certifie qu'aucun d'eux n'a eu à se plaindre d'aucune affection épidémique. Il résulte des anciens documens que des fièvres invétérées ont été guéries par l'usage de ces eaux ; « pourvu qu'elles soient administrées en la déclinaison, dit Chesneau. » Duffau, dont nous avons déjà cité le nom, leur accorde le même privilége.

Deuxième Partie.

EAUX ET BOUES MINÉRALES

ÉTABLISSEMENTS THERMAUX

§. I.

Énumération des sources, description.

La route départementale qui traverse Barbotan , du nord au midi , nous servira de guide pour diviser toutes les sources en deux groupes.

Le premier groupe , au couchant de la grande route , comprend : 1° les sources de l'Etablissement des bains ou Thermes proprement dit ; 2° celle de la buvette ferro-manganique, et 3° celles de Saint-Pierre.

Le second groupe, au levant, se compose : 1° de la source ou buvette sulfureuse ; 2° des sources aux trois piscines ou grotte des bains tempérés ; 3° de la source des douches et de celles destinées à réchauffer les boues communes avec celles qui s'élèvent des profondeurs même des boues; enfin, 4° des sources et des boues réservées.

Telles sont les sources utilisées actuellement à Barbotan. Mais il ne serait pas surprenant que dans un temps plus ou moins rapproché cette station ne fut dotée de quelque autre source importante, car chaque année nous voyons capter des filets d'eau assez considérables, et qu'un jour on pourrait réunir pour être utilisés au traitement des malades.

Caractères généraux de l'eau des sources, propriétés physiques. — Toutes ces sources émergent du sol en filets plus ou moins considérables, et en échauffant le limon noirâtre qu'elles traversent. Lorsque l'atmosphère est refroidie, le matin principalement, on aperçoit la vapeur se dégageant dans certains points où la filtration est plus active; et partout, l'eau présente des propriétés identiques. Elle est très-limpide, transparente, d'une odeur faible d'hydrogène sulfuré, douce au goût et légèrement astringente. Partout aussi, soit dans les sources utilisées, soit dans les dérivations des moindres filets, on constate une substance blanchâtre, floconneuse, et d'une onctuosité très-remarquable. Cette substance, appelée Barégine, présente une composition très-complexe. D'après M. Gigot Suard, sous l'influence de l'air, elle donne lieu : 1° à des produits organisés qui participent à la fois du règne végétal et du règne animal, ce sont des conserves et des animalicules; 2° à des produits sans trace d'organisation, désignés sous le nom de Glairine, substance floconneuse, gélatineuse, membraneuse. Les conserves sont constituées principalement par la sulfuraire ainsi désignée par M. Fontan, parce qu'on ne la rencontre nulle part ailleurs que dans les eaux sulfureuses; elle apparaît sous forme d'une substance blanchâtre filamenteuse qui court à la surface des eaux de cette nature. Les animalicules microscopiques sont des infusoires, des helminthes et des crustacées. En résumé, d'après le même médecin, M. Gigot Suard, la matière organisée, qu'il appelle sulfurose, donne naissance, au contact de l'air, à une plante confervoïde, nommée sulfuraire, laquelle en se décomposant se transforme en sulfurine, matière glaireuse, mucoïde, amorphe.

Enfin, l'eau minérale en général, contient dans sa masse un gaz que l'on a pris d'abord pour de l'acide carbonique pur, mais que MM. Lidange et Dutirou, d'Auch, ont reconnu, en

1854, pour n'être que de l'azote avec un centième d'acide carbonique.

Température. — Les eaux minérales de Barbotan jouissent, en général d'un heureux privilége ; c'est que leur température aux points d'émergence permet de les utiliser sans mélange ; tandis que l'on altère plus ou moins les eaux qui s'éloignent de la température normale du corps, quand on est obligé, pour leur utilisation, de les refroidir ou de les réchauffer.

Le tableau suivant indique la température des sources et des boues :

			Therm. centigr.
1°	Source des bains ou thermes..........	32° à 35°
2°	— de la Buvette ferro-manganique.	12° à 14°
3°	— des bains Saint-Pierre.........	» »
4°	— de la Buvette sulfureuse.......	30° »
5°	— de la grotte aux bains tempérés.	31° à 32°
6°	— des douches...............	36° à 38°
7°	— des boues................	33° à 35°

La différence que présentent respectivement les bains et les boues, s'explique aisément par l'éloignement du lieu d'emploi, et par la grande surface qu'offrent les boues à l'air ambiant. Cette considération, loin d'être un désavantage, peut être une précieuse ressource qui permet d'approprier le degré de température à la susceptibilité des divers tempéraments.

§ II.

PREMIER GROUPE.

A. — Établissement des Bains ou Thermes.

C'est la seule construction de tous les autres bâtiments qui ait un cachet monumental. Une magnifique galerie extérieure, supportée par une série de dix colonnes, reliées entre elles par

2

des arcades à plein cintre, et dont l'entablement est richement décoré de sculptures et de moulures, offre à la vue un aspect gracieux et imposant à la fois.

Les sources des bains sont captées et rassemblées dans un vaste bassin rectangulaire placé au centre même de l'établissement. Cet emplacement est recouvert au faîte de l'édifice par un immense vitrage. Cette galerie, dite vitrée, est longée de chaque côté par une galerie secondaire donnant accès aux cabinets de bains ; deux rangées de colonnes supportent les bas-côtés du plafond. La voûte du bassin collecteur est ainsi transformée en promenoir des plus attrayants pour les baigneurs.

L'abondance de l'eau des sources, que l'on peut voir bouillonner à droite du portique en entrant, est telle qu'elle permet de laisser arriver dans la baignoire, pendant toute la durée du bain, un courant continu d'eau chaude, dont le trop-plein s'échappe par une issue pratiquée à 5 centim. du rebord supérieur, dans une rigole qui conduit à un canal destiné à la dériver au dehors de l'établissement.

On évalue à 162,000 litres la quantité d'eau fournie par les sources des thermes en vingt-quatre heures ; ce qui est l'équivalent de six cents bains.

Les Cabinets de bains au nombre de seize, sont vastes, garnis de planchettes et de chaises confortables. Quelques-uns sont pourvus de cheminées qu'on peut utiliser au besoin. Les baignoires sont en marbre poli, et très-spacieuses. L'éclairage s'opère par un vitrail mobile disposé au plafond de chaque cabinet.

Dans le fond de la galerie sont établies trois piscines. Celle du milieu, la plus vaste, est la plus fréquentée; elle a une forme hexagonale et mesure 2 mèt. de diamètre environ. A notre avis, il serait plus avantageux de réunir les trois en une seule, pour former un seul bassin destiné à la natation. Si Barbotan possède une variété de sources minérales qu'on trouve rarement ailleurs réunies en aussi grand nombre, si des cures merveilleuses s'opèrent constamment sous leur influence, et si nous revendiquons en sa faveur une réputation méritée et légitime, nous avons pour devoir de signaler aussi les améliorations utiles dont les sciences hydrologiques démontrent les heureux résultats dans le traitement des maladies. On a l'eau en abondance , il n'y a donc pas d'empêchement de ce côté. Aujourd'hui il n'y a guère d'établissement thermal important sans bassin de natation ou piscine gymnastique. Nous faisons donc des vœux pour que le propriétaire des sources de Barbotan réalise notre pensée ; cette amélioration , nous en sommes certains , satisfairait bien des intérêts , et comblerait une lacune très-regrettable.

Composition chimique des bains et de ses piscines. — Nous puisons dans la Notice de M. le docteur Labarthe, les analyses qui vont suivre :

Analyse de M. Mermet, professeur de physique et de chimie au Collége de Pau , faite en 1835 ; sur 40 kilogr. d'eau minérale :

Acide carbonique.....................	12,002
Carbonate de chaux....................	0,812
— de fer......................	1,316
— de magnésie...............	0,042
Sulfate de soude.....................	1,274
Hydrochlorate de soude..........	0,850
— Silice......	0,060
— Barégine...............	0,004

Dans une analyse plus récente , M. Alexandre , professeur de chimie à Mont-de-Marsan , a constaté qu'indépendamment des mêmes éléments, il existait de l'acide hydrosulfurique. Il a trouvé qu'un litre d'eau minérale donnait :

Acide hydro-sulfurique.	Quantité indét.
— carbonique...............	0,122
Carbonate de chaux...............	0;021
— de magnésie............	0,002
— de fer.................	0,031
Sulfate de chaux................	0,002
Chlorure de sodium et de magnésium..	0,029
Silice , Barégine.................	0,029

B. — Buvette ferro-manganique.

L'eau de cette buvette laisse déposer en abondance à son griffon , du carbonate de fer ; les vases où on la recueille prennent une teinte de rouille. Elle est transparente, limpide et d'un goût astringent très-prononcé. L'analyse a démontré une quantité notable de carbonate manganeux; et l'on sait que les sources qui contiennent du manganèse sont assez rares. Nous verrons plus loin combien cette source doit contribuer pour sa part à la prospérité de cette station. Nous devons signaler au sommet nord de Barbotan un banc de fer oxydé rouge , qu'on désigne sous le nom de *sanguine* ou mine de crayon rouge. Il est à supposer que le sous-sol des environs doit receler d'autres amas de même nature. M. Lidange, pharmacien, à Auch, donna , en 1854 , les résultats suivants sur cette source :

> Acide carbonique libre ,
> Carbonnate ferreux ,
> — manganeux ,
> — calcique ,
> — magnésique ,
> Sulfate calcique ,
> Chlorure potassique et sodique ,
> — magnésique ,
> Acide silicique et alumine ,
> — matières organiques.

C. — Bains Saint-Pierre.

Pour être complet dans notre description , nous devons mentionner la composition de la source Saint-Pierre , dont l'établissement est à 25 mèt. et au midi des Thermes. Il y a quelques années , l'Académie de médecine consultée , fit faire l'analyse qualitative de l'eau qui donna les éléments suivants :

Silice et oxyde de fer,

Carbonate de chaux,

Hydrochlorate de soude,

Sulfate de soude,

Magnésie (traces)

Matières organiques,

Acide carbonique.

Malgré cette richesse de composition, ces bains sont pour ainsi dire abandonnés, le local d'ailleurs est dans un état de délabrement qui les rend *inutilisables*.

§ III.

DEUXIÈME GROUPE.

A. — Buvette sulfureuse.

Jusqu'à ce jour il n'a pas été fait d'analyse quantitative de l'eau de la buvette sulfureuse. Il serait cependant bien à désirer que les éléments qui la composent fussent dosés ; car nous l'avons vue très-recommandée par les médecins qui dirigent les malades à Barbotan, soit en boisson soit en gargarismes. D'après les savantes recherches de M. Lidange, déjà cité, nous sommes portés à croire que le degré sulfhydrométrique de cette source est assez élevé pour obtenir des résultats avantageux. L'analyse qualitative à fait constater :

Acide carbonique libre,

Carbonate ferreux ,

— calcique ,

— magnésique ,

Sulfate calcique ,

— sodique ,

Chlorure sodique ,

Nitrate sodique ,

Acide cilicique ,

Alumine ,

Matières organiques.

Comme on le voit, cette source, riche en principes salins, est celle qui présente en outre au plus haut degré l'odeur sulfureuse ou aux œufs pourris. C'est qu'elle doit contenir probablement une quantité notable d'hydrogène sulfuré, qui se dégage à l'air, sans dépôt de soufre.

B. Grotte des bains tempérés.

Ce bâtiment placé à dix mètres, et au nord, du chœur de l'église, renferme trois petites piscines d'égale dimension. Chacune d'elles a 2 mèt. de longueur sur 1 mèt. 20 cent. de large, et 60 cent. de profondeur. Elles reçoivent l'eau des sources captées sur place, dont le trop plein se déverse au dehors par un conduit approprié. Le fond de ces piscines est constitué par des planches séparées entre elles de 1 cent., afin de livrer passage à l'eau minérale qui émerge directement au-dessous. Aussi voit-on à chaque instant de grosses bulles de gaz monter à la surface de l'eau du bain. La température de la piscine, nord, à un degré de plus que celle des deux autres. Leur température moyenne est de 32°.

ÉTABLISSEMENT DES DOUCHES ET DES BOUES COMMUNES.

C. Des Douches.

Les Douches et les Boues communes sont installées dans le vaste bâtiment carré au levant de l'église. Cet établissement renferme une cour centrale, de même forme, et présente dans son milieu un bassin d'agrément. Cette enceinte reçoit le jour d'en haut au moyen d'un beau vitrage que supportent des frises ornées de figurines plus ou moins artistiques.

Les cabinets des Douches, au nombre de sept, se trouvent à droite et à gauche de l'entrée. Ils sont alimentés par une source très-abondante, captée à droite de la porte principale, nous croyons rester au-dessous de la vérité en n'évaluant qu'à 96,000 litres, la quantité d'eau fournie par cette seule source.

La composition de cette eau ne diffère pas de celle de la buvette sulfureuse. Elle a seulement une température plus élevée, de 7 à 8 degrés.

L'eau est élevée à l'aide d'une forte pompe mise en jeu par deux hommes, dans un réservoir supérieur placé au-dessus des cabinets. On peut évaluer à 4 mèt. la portée de la chute de l'eau ; soit au moins 3 mèt. 50 cent. de chute effective. Il est facile en outre, de varier l'action de la douche par des ajutages diversement conformés, le tuyau de dégagement offrant à son extrémité une vis destinée au rechange. On obtient ainsi, au gré du baigneur, le jet simple, le jet fort, le jet en lance et la douche en arrosoir ou en pluie. Sous le tuyau à projection se trouve une baignoire où le douché se place, ce qui lui permet de s'immerger complétement quand il éprouve de la fatigue. La pièce de la douche est précédé d'un vestiaire spacieux et commode.

D. Bains de boues communes.

Ce sont les bains de Boues qui ont fait de tout temps et qui font encore aujourd'hui la grande réputation de Barbotan. Il y a trente ans environ, que leur emplacement était une vaste mare où les malades venaient se plonger en plein air, aux regards des passants. Plus tard des témoins occulaires nous racontent, qu'on eut recours à des toiles suspendues à des cordages, pour tromper la curiosité publique. Quel changement s'est opéré depuis ce temps-là ! On peut dire aujourd'hui avec raison, que ces sortes de bains sont aménagés avec le plus de soins possibles.

Les boues sont aussi disposées en cabinets, au nombre de cinq. Chaque bain de boue peut recevoir facilement de 6 à 8 personnes à la fois. Il est entendu que la séparation des sexes est l'objet de la plus grande vigilance de la part des agents du service.

Chaque cabinet de boue comprend, trois compartiments :

le vestiaire d'abord, la retraite au lavage, enfin le bain de Boue.
Le bassin qui contient les boues a 3 mèt. de longueur et 2 mèt.
de large. Chaque bassin reçoit un filet d'eau chaude qui vient
baigner la surface des boues et les chauffer en même temps ; la
masse semi-liquide reçoit d'un autre côté, la chaleur que les
courants ascendants lui communiquent. On descend dans le
bain par un escalier à main coulante, une corde à nœuds fixée
à la voûte, tombant à portée du baigneur, lui permet de se
déplacer à volonté ; un cordon de sonnette lui donne aussi la
facilité d'avertir les gens du service qu'il désire sortir et subir le
lavage. Aussitôt la douche en arrosoir est mise en jeu dans le
compartiment de la retraite, où le malade s'isole en fermant la
porte des boues par un rideau disposé à cet effet. Dans ces conditions, on ne saurait mieux sauvegarder les susceptibilités et
la décence.

Composition des boues. — Ces bains sont composés :

1° Des sources thermales qui surgissent de la profondeur des
bassins ;

2° De celle qui se déversent du trop plein des sources captées
au centre des établissements de boues ;

3° D'un limon noirâtre, charrié par les sources et qui recou-
vre toute l'enceinte de Barbotan. Par suite, les boues réunissent
les propriétés qui appartiennent aux eaux thermales dont l'analyse a été décrite, et les qualités spéciales à la substance limoneuse. Cette dernière renferme de l'alumine, de la silice, de la
magnésie, du sulfate de chaux et des oxydes ferreux. Tels sont
les éléments qui composent les boues, d'après le distingué confrère de Cazaubon, M. le docteur Labarthe.

Mais nous ne saurions passer sous silence l'odeur bitumineuse
que l'on ressent dans tous les cabinets de Boues ; et nous n'avons
connaissance d'aucun ouvrage sur Barbotan qui en fasse men-
tion (1). Cependant, cette odeur est bien manifeste, et peut-être

(1) Nous avons été assez heureux pour trouver, depuis l'achèvement de notre
opuscule, des documents historiques qui confirment pleinement notre opinion. Voici
les termes textuels de Chesneau, page 35 : « Considérans maintenant les vertus et
» les propriétés de nos eaux de Barbotan, et celles qui se trouvent en particulier

pourrait-elle revendiquer une bonne part dans les guérison opérées par les boues.« En 1743, Moraud, prétendit que le bitume
» et le souffre étaient les seules substances qui agissaient comme
» médicament dans les boues de Saint-Amand (1). » Les boues
renferment épars dans leur masse, des fragments de bois comme
carbonisé, noirâtre, à fibres très-serrés, dur, ayant enfin la
texture du bois qui a subi une sorte de combustion (lignite piciforme). Et cette autre citation de l'article bitume, où il est dit :
« On trouve les bitumes dans les terrains toujours secondaires
» ou tertiaires, calcaires, argileux, sablonneux, volcaniques,
» ce qui semble avec les autres caractères que nous venons de
» leur assigner, confirmer l'opinion des naturalistes qui regar-
» dent les matières bitumineuses comme des produits végétaux,
» qui ont subi différentes altérations par l'action de feux sou-
» terrains (2). »

Ces considérations sont-elles suffisantes pour justifier l'opinion
de certaines personnes qui supposent que l'emplacement des
boues est le cratère d'un volcan éteint? Nous ne saurions tran-
cher la question dont la solution tient à l'origine du feu volcanique, laquelle a été discutée depuis bien des années, sans
qu'on ait pu s'accorder. Qu'il nous soit toutefois permis d'exposer les données que la science nous fournit pour guider notre
intelligence dans les hypothèses d'une solution probable.

L'état d'incandescence du globe terrestre, à une époque très-
reculée, est prouvé :

1° Par la forme sphéroïdale de la terre déprimée vers ses
pôles ;

2° Par la nature des substances minérales massives qui en
forment le noyau, toutes insolubles dans l'eau ;

» dans chaque fossile ; il n'y a personne qui ayant tant soit peu fréquenté ce lieu,
» ne die que le souffre y domine grandemèt, accompagné du Bitume, et de quelque
» qualité nitreuse, comme l'odeur, tesmoin irréprochable du souffre, le monstre.
» Et à la page suivante : Le Bitume, quoy qu'en beaucoup plus petite quantité
» (que le souffre) ayde au souffre à eschaufer les eaux, à augmenter leur vertus
» remollitine, ou plustot à l'entretenir, etc. »

(1) Dict. des sci. médic., art. Boues.

(2) Dict. des sci. médic., art. Bitume.

3° Par la chaleur propre que la terre a conservée, et dont l'intensité augmente à mesure qu'on descend plus profondément dans ses entrailles. Cette chaleur intérieure du globe est aujourd'hui un fait hors de doute et prouve une foule de phénomènes, impossible à expliquer sans l'admettre : Telle est la température *égale* des puits, celle des eaux thermales, et surtout celle des mines. Cette augmentation de chaleur des couches du sol, dit M. Ac. Richard, « est progressive et régulière, et l'on s'est assuré que, terme moyen, elle s'accroît d'environ un degré par 30 mèt. de profondeur. » Supposons d'après cela qu'un cours d'eau, alimenté sans cesse par un de ces grands réservoirs qui constituent les mers, pénètre à une grande profondeur par des failles (fentes); ne sera-t-il pas susceptible d'y acquérir la chaleur propre du milieu qu'il traverse, et de nature à revenir à la surface du sol avec une calorification, amoindrie sans doute dans son retour, mais manifestement supérieure à celle du point de départ? Il y a assurément dans cette opération de la nature un apport incessant de calorique du centre à la surface. Le fait peut se démontrer expérimentalement, en faisant agir un filet d'eau dans des milieux appropriés. Mais la chaleur des eaux thermales n'est pas seulement due au calorique intérieur de la terre, elle se développe encore d'une manière continue par les combinaisons et décompositions des couches de terrains de diverse nature, et surtout par les propriétés électriques dont la connaissance, dans ces derniers temps, a enrichi les sciences hydrologiques. Il résulte, en effet, de l'observation que l'électricité de l'atmosphère a une grande influence sur certaines sources minérales. Certains bassins bouillonnent quand le tonnerre gronde, tandis qu'ils restent tranquilles et sans mouvement sous un ciel ordinaire. « A Barbotan, dit M. Labarthe, le dégagement du gaz est beaucoup plus abondant, lorsque l'atmosphère subit une grande perturbation, surtout quand elle est surchargée d'électricité. »

« M. Berthraud raconte qu'au moment où de grands orages se préparent, l'eau du grand bain, au Mont-d'Or, devient plus chaude que de coutume; que le bain peut être supporté moins longtemps ; des expériences faites à ce sujet portent à penser que ce phénomène est dû au fluide électrique (1). »

Est-il donc indispensable, d'après ce qui précède, d'attribuer une origine volcanique aux boues de Barbotan ? Trouve-t-on dans les environs des sources, des scories, des pierres ponces, de la trachyte, du pyroxène, des traces de laves enfin? Nous laissons au lecteur le soin de conclure, et de nous pardonner de nous être laissé entraîné si loin par l'attrait d'une question scientifiquement intéressante.

E. Boues Réservées.

L'établissement qui renferme les boues réservées date à peine de cinq ans. Il a été construit à 25 mèt. et au levant des douches et des boues réunies. Quatre bains de boue occupent cet emplacement, et chacun d'eux a trois compartiments comme chaque cabinet des boues communes.

Les sources et les boues sont de même nature que les précédentes. La température est, à un degré près, la même partout.

On comprend aisément les raisons qui ont motivé la création d'un établissement particulier. Beaucoup de personnes éprouvant de la répugnance à se baigner en société, il fallait ménager cette susceptibilité, en construisant un nouveau local réservé, avec un service spécial. Ces cabinets sont mieux tenus, aussi le prix en est un peu plus élevé que pour les boues en commun. Mais, dans ce monde, les satisfactions doivent se payer; heureux ceux qui peuvent se les procurer !

(1) Dict. des sci. méd., t. 55, p. 98.

Troisième Partie.

ACTION PHYSIOLOGIQUE ET PATHOGÉNÉTIQUE

DES EAUX ET DES BOUES

Il paraît que c'est le hasard qui d'abord révéla les effets énergiques des eaux minérales, sur les propriétés vitales du corps humain. La prédominance de certains principes en fit soupçonner les vertus médicinales et reconnaître leur plus ou moins d'efficacité dans les maladies. Leur action médicatrice est aujourd'hui un fait irrécusable. Mais, s'il convient d'avouer que trop souvent la superstition, l'empirisme ou la mode en ont exalté outre mesure les résultats, il faut constater combien l'intérêt privé et l'ignorance ont cédé le pas au progrès dans ces dernières années. Grâce aux nouveaux procédés d'analyse chimique; à une méthode rationnelle appliquée à l'expérimentation, à des classifications sérieuses, basées sur des analogies et des dissemblances, la physique et la chimie ont acquis un développement considérable. Ce n'est plus une divinité tutélaire et amie des hommes, ainsi que le raconte Pline, qui préside à la garde de chaque source d'eau minérale; ce sont des principes bien déterminés par l'analyse et dont l'application prudente, attentive, a révélé des faits à peu près identiques. C'est ainsi que la théorie médicinale s'est enrichie de préceptes qui sont autant de jalons pour arriver à des connaissances positives. Nous allons donc entrer dans l'étude des effets produits par les éléments minéralisateurs sur les organes — et les fonctions générales de l'économie, suivant leur emploi à l'intérieur ou à l'extérieur.

SECTION I.

EFFETS PHYSIOLOGIQUES ET PATHOGÉNÉTIQUES DES EAUX MINÉRALES EN BOISSON.

§. I.

Voies digestives.

Il y a deux buvettes à Barbotan. La buvette sulfureuse et la buvette ferromanganique ; c'est dire implicitement qu'on ne boit que l'eau de ces deux sources. Les effets physiologiques de cette dernière étant essentiellement toniques et reconstituants, nous renvoyons à cette médication qui lui est spéciale, les détails qu'elle comporte.

L'eau de la buvette sulfureuse est employée en boisson et en gargarismes, occupons-nous de son premier mode d'emploi.

Cette eau, se digère facilement. Prise avec modération, à la dose d'un quart de verre, et plus tard à celle d'un verre, elle ne détermine aucun trouble, mais au contraire une augmentation dans l'appétit. Mais si, comme nous l'avons quelquefois remarqué, elle est prise au début à la dose d'un verre ou d'avantage, les malades éprouvent des effets variables suivant leur suscep-tibilité organique ; ainsi les uns sont pris d'une diarrhée abon-dante, les autres au contraire éprouvent de la constipation ; cer-tains éprouvent des démangeaisons à la peau, une excitation générale qui peut se traduire par des éruptions diverses. Tous ces accidents seront prévenus, si les doses sont modérées au début, et augmentées d'une manière progressive et méthodique.

§. II.

Circulation.

La circulation du sang est activée par l'eau de la buvette sulfureuse, mais ce n'est qu'après deux ou trois heures que ses effets
se manifestent, encore passent-ils inaperçus, les premiers jours
quand on se borne à des doses modérées. Généralement, on
ressent néanmoins, du 3e au 4e jour, un mouvement de chaleur
et d'excitation générales, sans incommodité ni indisposition fonctionnelle. Légèrement sulfurée et d'une thermalité un peu au-
dessous de la normale, elle ne réagit pas avec la même intensité
sur l'organisme et sur les pulsations artérielles que les eaux
sulfureuses de 38 à 42° par exemple. Mais l'excitation générale
est manifeste et mérite toute l'attention des malades et du médecin.

En 1868, j'ai dirigé à Cauterets, entr'autres malades, une
dizaine de sujets de ma connaissance. Les uns atteints de susceptibilité catarrhale, les autres de congestion et de granulation
pharyngées; ceux-ci affectés de névralgies, ceux-là d'engorgement chronique du poumons, etc. Tous ces malades par l'usage
de l'eau de la Raillière en boisson principalement, me donnèrent
lieu de constater l'activité physiologique dans toute son expression et sans trouble organique ou fonctionnel. Nous éprouvâmes
seulement, tous sans exception, dès le 5e ou 6e jour, vers
1 heure de l'après midi, une tendance irrésistible au sommeil.
J'acquis la conviction que l'usage de l'eau était l'unique cause
de ce repos impérieux et passager. Je recommandai de la modération dans les doses, et d'avoir à les diminuer plutôt que de
les augmenter si quelque malaise se manifestait. Le traitement
fut continué sans incident, et nous quittâmes Cauterets avec les
meilleures conditions de santé.

Il résulte de notre observation que les eaux de Cauterets ont
une action stimulante comme les eaux de Barbotan, puisqu'il
existe une certaine similitude des effets physiologiques.

§ III.

Voies respiratoires. — Respiration.

La légère sensation de picotement que l'on ressent à la gorge quand on boit de l'eau de la buvette sulfureuse, indique clairement qu'elle est douée de propriétés stimulantes et excitantes. Si l'usage est continué, la muqueuse du pharynx s'injecte, et prend une couleur d'un rouge vif, caractérisant un état inflammatoire modéré. Il en résulte une sécrétion plus abondante de la part de la muqueuse pharyngée, et par continuité du tissu, de celle des bronches. Si l'on portait l'excitation à un plus haut dégré par un abus de l'eau minérale, on ne tarderait pas à voir éclater la fièvre avec toux fréquente et sensation de déchirement à la gorge, une dispnée très-pénible et une courbature très-accentuées. On a même vu, dans ces états d'excitation, survenir des hémoptysies essentiellement congestives. On comprend, d'après ce tableau, combien il importe de prévenir un tel état de saturation pour éviter des conséquences aussi fâcheuses.

§ IV.

Organes Génito-Urinaires. — Urination.

L'eau de la buvette sulfureuse augmente en général l'activité fonctionnelle des reins; l'urine est plus abondante, et entraîne des matériaux dont les dépôts peuvent être parfaitement déterminés, surtout dans les premiers temps du traitement.

Etablissons quelque termes de comparaison entre Barbotan et le Bois ainsi que la Raillère à Cauterets, sous le rapport de l'urination.

Barbotan , Buvette sulfureuse
contient   *en silice libre* par lit.......... 0,029
Cauterets { La Raillère...id.............. 0,025
           { Le Bois......id........ 0,016
Barbotan donne, *acide carbonique*........ 0,122
Cauterets....................... pas de traces.
Barbotan donne, *en sulfate de soude*........ 0,0360
La Raillère.........id................ 0,0487
Le Bois...........id................ 0,0435

Dans ses eaux , Barbotan contient en outre du carbonate de magnésie, du sulfure de sodium et de magnésium, enfin des traces notables d'acide hydro-sulfurique, principes minéralisateurs tous doués d'une action diurétique, rafraîchissante , antiseptique. Nous nous expliquons dès lors, les résultats que présentent l'urination, qui, à Cauterets donne lieu à des dépôts d'acide urique, à des urates alcalins et terreux, à des graviers parfois, et souvent à des débris d'épithélium. Nous sommes loin de vouloir établir une rivalité entre ces diverses sources, mais nous sommes autorisé à dire qu'elles concourent plus ou moins énergiquement au même résultat; et obligé, partant de reconnaître encore sur l'appareil de l'urination une similitude d'action thérapeutique. Il est inutile de dire que l'excitation produite par les eaux minérales se porte souvent sur le sens génital, et produit soit des rêves érotiques , soit des pertes séminales. Enfin, l'eau de la buvette sulfureuse a une influence très-marquée sur l'époque menstruelle. Il est rare que le mouvement fluxionnaire n'en soit pas augmenté d'une manière notable.

§ V.

Système nerveux.

Les modifications occasionnées par l'eau de la buvette sulfureuse en boisson, prise à doses modérées, sont pour ainsi dire insensibles. Les effets pathologiques qni en résultent dans la majorité des cas ne sont pas de nature à troubler l'organisme. Ce n'est donc qu'à l'abus ou à certaines constitutions spéciales, qu'il faut rapporter les effets pathologiques qui peuvent en résulter. Quand on veut agir sur le système nerveux, il faut recourir aux applications externes.

§ VI.

Système cutané.

Les propriétés légèrement stimulantes de la buvette sulfureuse ont pour effet d'exciter modérément la peau, dont la température s'élève d'un degré près, au 6e ou 8e jour de son usage. Nous avons constaté par nous-même la promptitude avec laquelle la stimulation générale se développe chez les enfants. Au 3e jour, le système capillaire sanguin acquiert sous son influence une activité plus grande; la peau s'injecte et devient le siége de démangeaison et de picotement isolés. Si l'on continue l'usage dans les mêmes proportions, on voit survenir sur le corps et principalement au visage des éruptions diverses suivant les constitutions diathésiques. Mais hâtons-nous d'ajouter que ces derniers accidents sont plutôt le résultat du traitement externe et de la température élevée de la saison, que l'effet de l'eau ingérée.

§ VII.

Chaleur animale.

L'élévation de la chaleur du corps est une conséquence naturelle de la stimulation développée par l'action de l'eau dans les mailles de nos tissus. Il en résulte une énergie organique et une activité fonctionnelle plus marquées. L'accélération de la respiration donne lieu à une combustion plus considérable du sang veineux par l'oxygène de l'air. La théorie chimique de cette importante fonction rend compte de l'accroissement de température dans ces circonstances. Ce n'est qu'après un certain nombre de jours que le thermomètre peut faire constater, sous l'aisselle ou sous la langue, une augmentation sensible. Terme moyen, cette augmentation ne dépasse pas un degré et demi centigrade.

SECTION II.

EFFETS PHYSIOLOGIQUES ET PATHOGÉNÉTIQUES DES EAUX ET BOUES
MINÉRALES COMME TRAITEMENT EXTÉRIEUR.

§ I.

Température des Bains.

La température de l'eau des bains dans les divers cabinets ,
diffèrent à peine de un à trois degrés , nous pouvons considérer les résultats obtenus comme produits à la température normale. En effet, il arrive constamment qu'un bain à 33° paraîtra
chaud à une personne , tandis qu'il sera trouvé froid par telle
autre : c'est que la sensibilité et la calorification sont variables
suivant les tempéraments, la constitution , l'âge, la profession,
l'état de santé de chaque individu , etc. Nous n'avons donc pas
à nous occuper des bains ou douches soit au-dessus , soit au-
dessous de la normale , puisque la température des bains est
invariable entre 32 et 35°. Toutefois, le médecin pourra encore
tirer parti de cette légère différence au profit de certains malades.

Nous allons exposer, d'après ces conditions, les constatations
que nous avons faites sur nous-même et sur quelques personnes qui ont bien voulu se soumettre à mon expérimentation.

Afin d'éviter des erreurs d'appréciation dans nos calculs, nous
avons noté avec soin le nombre de pulsations avant chaque bain,
et nous avons tenu compte , après le repas, de l'augmentation
moyenne résultant du travail propre à la digestion.

La durée du bain étant de 40 minutes , nous avons eu pour
moyenne :

Avant le bain................ 72 pulsations.
Pendant.................... 58 puls.
5 heures après............. 66 puls.

Donc abaissement de 14 pulsations dans le bain sur le chiffre
initial ; différence se réduisant à plus de moitié dans l'espace
de 5 heures.

Conséquences physiologiques : Sédation très-marquée pendant le bain, persistant encore plusieurs heures après d'une manière notable.

Après 15 minutes sous la douche, nous avons noté une moyenne :

> Avant la douche, de.......... 68 puls.
>
> Pendant, de................ 85 puls.
>
> Cinq heures après, de........ 76 puls.

Donc augmentation de 17 pulsations, par l'effet de la douche, sur le chiffre antérieur ; et plusieurs heures après, le pouls conserve encore environ la moitié de cet accroissement.

Conséquence physiologique : Réaction énergique par l'action de la douche, se continuant encore avec une certaine intensité pendant plusieurs heures ensuite.

Quant à l'action des boues sur la circulation artérielle, elle a présenté des effets peu sensibles. Ainsi, la durée du bain de boues étant de 45 minutes, le pouls a accusé en moyenne :

> Avant le bain de boue........ 70 puls.
>
> Pendant.................. 66 puls.
>
> Cinq heures après........... 74 puls.

Le bain a donc produit un abaissement de 4 pulsations au moment même, et, plus tard, une augmentation légère sur le chiffre initial. Le premier effet des boues est donc sédatif (1), tandis que l'effet consécutif est modérément excitant.

En outre, il est digne de remarque que si l'effet d'un bain simple d'eau minérale fait baisser le pouls de 14 pulsations en moyenne, il faut nécessairement que la matière limoneuse ait des propriétés très-excitantes pour annihiler non-seulement l'action sédative de l'eau du bain, mais encore pour accroître le chiffre initial de plusieurs pulsations. L'eau du bain de boues, dans cette circonstance, nous paraît jouer le rôle de correctif d'une excitation trop énergique propre aux matières limoneuses, et favoriser très-avantageusement l'action thérapeutique de celle-ci, en lui permettant de s'exercer dans des conditions

---

(1) Le pouls se concentre et bat avec plus de lenteur. — J. Duffau, médecin de Mont-de-Marsan , Recherches 1785.

physiologiques à peu près normales. En d'autres termes, c'est là un fait manifeste de deux actions physiologiques qui tendent à se neutraliser, sans préjudice bien entendu pour l'action thérapeutique. Voilà peut-être aussi la principale raison de l'efficacité des boues de Barbotan. Cette interprétation, basée sur des faits soigneusement recueillis, et s'accordant, du reste, avec l'expérience du temps, donne à nos idées théoriques une grande apparence de vérité. Néanmoins, nous invoquons les nouvelles recherches de nos confrères à ce sujet, afin qu'on arrive à donner plus de certitude aux effets physiologiques que nous venons d'exposer.

Fièvre thermale. — L'excitation physiologique produite par les eaux et les boues est en général très-peu sensible au début et par un usage modéré. Néanmoins, la circulation s'active, et la chaleur normale s'élève; mais tous ces phénomènes s'accomplissent sans trouble des fonctions ni manifestations morbides. Un peu de lassitude, une exacerbation des douleurs dans les membres rhumatisés, sont les seuls symptômes ressentis par les malades. L'activité organique, sans trouble des fonctions, sans manifestation pathologique, voilà l'excitation physiologique, autrement dit, le remontement général, qu'il faut chercher à produire sans le dépasser. Mais si l'on vient à poursuivre le traitement d'une manière inconsidérée, la fièvre se déclare, s'accompagne d'un malaise général, d'insomnie, d'inappétence, de courbature, d'éruptions diverses à la peau, d'exaspération des états pathologiques existants, etc. : telle est alors la fièvre thermale confirmée. Cette fièvre, si bien caractérisée par le distingué praticien de Cauterets, M. Gigot-Suard « est un état de saturation de l'organisme provoqué par le défaut d'assimilation des eaux, la congestion active ou l'exaspération pathologique existant déjà. » On comprend combien il importe d'éviter une pareille perturbation pour guérir les malades. MM. Trousseau et Pidoux sont très-explicites à ce propos; ces médecins célèbres prétendent « qu'il n'est nullement nécessaire de violenter l'organisme pour triompher des maladies. » C'est en étudiant bien son sujet, en examinant avec soin son tempérament,

sa constitution, son âge, etc. ; en procédant au traitement par
de faibles doses au début, en surveillant les effets produits,
que le médecin réussira à obtenir ce remontement général de
Bordeu, sans troubler l'harmonie des principales fonctions de
l'économie.

Mais il est rare de constater à Barbotan des accidents de fièvre
thermale. Cela tient, comme le fait judicieusement remarquer
M. le docteur Labarthe, à la température moyenne des eaux
et à leur faible minéralisation. Les seuls phénomènes que l'on
observe généralement sont : un peu d'élévation et de fréquence
dans le pouls, une diaphorèse peu abondante, une exacerbation peu prononcée et peu durable daus les douleurs. Les
boues toutefois procurent plus fréquemment les crises sudorifiques, l'excitation fébrile, que les bains, et il est à noter qu'elles
provoquent ordinairement, chez les personnes peu disposées à
la sueur, des céphalées et des coliques plus ou moins vives.

§ II.

Gargarismes.

Nous avons maintefois employé l'eau de la buvette sulfureuse
en gargarismes, et nous avons constamment éprouvé une sensation de sécheresse à l'arrière-gorge, sensation analogue à celle que
fait éprouver l'eau de la Raillère à Cauterets, dont l'action a tant
d'efficacité sur le pharynx et ses annexes. Après quelques jours
de gargarisation, on ressent, en outre, à Barbotan un picotement et une sensation de chaleur à la gorge, qui devient le
siége d'un léger mouvement fluxionnaire. Cette action modifica-
tive spéciale peut à bon droit constituer un moyen de substitution très-utile dans beaucoup d'altérations chroniques des parties
diverses de cette région. Aussi croyons-nous que l'on doit do-
rénavant faire un plus grand usage de l'eau de la buvette en
gargarismes.

Quatrième Partie.

THÉRAPEUTIQUE,

DES DIVERS MODES D'EMPLOI, INDICATIONS ET
CONTRE-INDICATIONS.

Il ne suffit pas de bien connaître les lésions qui constituent les maladies, il importe autant de savoir quels sont les remèdes propres à les guérir; ces deux genres de connaissances, en effet, n'ont d'utilité réelle que dans un appui réciproque. C'est l'action physiologique des eaux minérales, ce sont les effets immédiats que leur administration provoque, qui doivent occuper le thérapeutiste. Pour atteindre cet heureux résultat, il s'attachera à estimer l'intensité de l'action, à apprécier la portée de sa puissance, sa durée, en opposition avec la force de résistance, la nature de la maladie de son client.

Des considérations physiologiques et pathologiques que nous avons exposées dans le chapitre précédent, il résulte que les eaux et les boues minérales peuvent remplir un grand nombre d'indications principales, qui constituent en thérapeutique autant de médications naturelles; ce sont :

Une médication tonique reconstituante;
Une médication — révulsive;
Une médication — substitutive;
Une médication — résolutive;
Une médication — diurétiq., sudorifique et dépurative;
Une médication — excitante;
Une médication — sédative.

Nous allons successivement entrer dans les détails de chacune d'elles en particulier ; nous montrerons les avantages qu'on peut retirer d'elles en les associant et en les combinant ensemble dans le traitement ; nous indiquerons dans le cours de cette exposition les maladies auxquelles les eaux sont les plus avantageuses, le mode d'emploi qui doit être préféré ; enfin, nous intercalerons dans le texte des observations relatives aux principales médications dont les eaux sont susceptibles.

§ I.

Médication tonique reconstituante.

En général, toutes les sources de Barbotan sont douées de propriétés toniques, par la stimulation modérée qu'elles impriment à tout l'organisme. Il en résulte une activité fonctionnelle plus accentuée en même temps qu'une assimilation plus considérable des matériaux nutritifs. La source de la buvette ferromanganique remplit au premier rang et au plus haut degré cette indication. En effet, riche en sels ferrugineux et manganeux, en sulfates sodiques, magnésiques, en chlorure sodique, elle a une action plus énergique sur le travail de la digestion que celle de la Buvette sulfureuse, non par sa sulfuration propre, mais par les premiers éléments que nous venons de citer.

L'énergie des organes, l'activité fonctionnelle, produites, déterminées par les eaux sulfureuses, amènent indirectement le retour des forces, la reconstitution des globules sanguins, mais il est aujourd'hui bien démontré que ces résultats sont plus promptement et plus complétement obtenus par les ferrugineux. « C'est que le fer agit comme tonique et stimulant d'abord, ou si l'on veut comme modificateur spécial du sens gastrique. Et puis, très-probablement, une certaine proportion de fer, dissoute dans le suc gastrique, est absorbée, va se mettre directement en rapport avec la membrane interne des vaisseaux, et en vertu d'une action vitale, que nous ne chercherons pas à définir, ce médicament rétablit les fonctions hématosiques , plus ou moins altérées par le fait de la maladie. » Telle est l'interprétation de MM. Trousseau et Pidoux, conforme, du reste , au bon sens médical et aux recherches les plus récentes de la chimie organique et de la physiologie expérimentale.

Néanmoins , il n'est pas de praticien qui ne sache que le fer , après avoir rapidement amélioré l'état des malades , se montre parfois tout à coup impuissant; il en résulte alors des dérangements gastriques, et comme un état de saturation. Nous savons sans doute, qu'on peut modifier les prescriptions , choisir les préparations les plus solubles, les administrer au moment des repas , traiter concurremment la susceptibilité de l'estomac et de l'intestin ; et que , malgré toutes ces précautions, on est obligé souvent de suspendre les préparations ferrugineuses et d'attendre que tout signe d'irritation des voies digestives s'efface pour reprendre le traitement. D'après les remarquables recherches du célèbre professeur de Lyon , M. Pétrequin (1867), il ne saurait plus y avoir aujourd'hui , dans ces circonstances, de temps d'arrêt dans le traitement tonique reconstituant. Ce praticien distingué a démontré avec la plus grande évidence par des expérimentations cliniques , que la manganèse ou les préparations manganiques étaient les succédanés du fer , qu'ils en étaient les adjuvants les plus puissants, et que leur alliance, dans les liquides comme dans les solides de notre économie , était un fait irrécusable. Ainsi le fer et le manganèse sont presque constamment mêlés dans leur minerai. D'après M. Pétrequin « en 1774 , Schecle et Gahn découvrirent le manganèse, dans les végétaux. Ils en trouvèrent dans le thé , les fucus , le lichen, le conium maculatum. Gmlin (chimie org., p. 59), l'a constaté dans les cendres du pin, dans la proportion de 10 pour cent. M. Millon, annonça à l'Institut, en 1847 , que le sang de l'homme en contenait assez pour que l'analyse le fît reconnaître. Fourcroy et Vauquelin l'ont signalé dans les os : John dans l'épiderme ; enfin , M. Burin du Buisson , pharmacien et chimiste distingué de Lyon , a repris les analyses chimiques du sang et a signalé la constance du manganèse en déterminant très-habilement les doses. »

M. Pétrequin, ajoute à la fin de sa brochure « que le manga-
» nèse fait mieux supporter le fer, en même temps qu'il le rend
» plus actif et plus efficace. Son efficacité s'est manifestement
» démontrée dans la chloro-anémie, dans les suppurations
» prolongées, les affections strumeuses, syphilitiques, can-
» céreuses, la phthisie, etc... Dans tous ces cas, on est porté
» à considérer les préparations ferro-manganiques comme des
» toniques analeptiques et régénérateurs. On voit, non-seule-
» ment qu'elles exercent une action vivifiante sur l'estomac et le
» système nerveux, mais encore elles sont absorbées et vont,
» en pénétrant dans le torrent circulatoire, porter au sang les
» éléments nécessaires à la formation de l'hématosine et à la
» production de nouveaux globules, de manière à reconstituer
» l'état normal du liquide sanguin. Aujourd'hui, la réparation
» du sang ne saurait être mise en doute... Il est de la dernière
» évidence que les préparations martiales font augmenter promp-
» tement le nombre des globules. La puissance de la médication
» ferro-manganique est encore plus grande sous ce point de
» vue. » On ne saurait méconnaître, d'après ce qui précède, la
haute importance qui se rattache à la Buvette ferrugineuse
manganique, il serait superflu d'insister davantage à ce sujet ;
nous espérons que l'expérience clinique corroborera sans tarder
les heureux résultats que nous sommes en droit d'attendre de
la source en question. Bornons-nous pour le moment à signaler
les bons effets dans les cas de débilité, d'anémie, de chlorose,
de convalescences prolongées, etc. ; à moins qu'une tuber-
culose déjà avancée n'en vienne contre-indiquer l'emploi.

§ II.

Médication révulsive.

On appelle révulsifs divers moyens que l'art met en jeu pour
détourner le principe d'une maladie, vers une partie plus ou
moins éloignée.

Qui ne voit donc dans l'excitation, plus ou moins intense,

produite par l'eau minérale en boisson, en bains, et surtout
en douches, un travail physiologique et pathologique nouveaux, capables d'atténuer à distance un état morbide existant?
Les eaux, en effet, pour atteindre ce but réunissent les conditions favorables : bien que leur température soit peu élevée
au-dessus de la normale, elles provoquent néanmoins un surcroît d'activité organique ; elles déterminent une stimulation
modérée mais progressive jusque dans les tissus les plus pro-
fonds de l'économie par leurs principes minéralisateurs. Enfin,
par la pression périphérique des boues et des douches surtout,
elles donnent lieu à des réactions générales et locales d'une
intensité qui exige dans l'application toute la sagacité du médecin. Les douches étant ordinairement dirigées sur des points
rapprochés de l'organe malade, agissent en produisant une
irritation artificielle qu'on désigne plus particulièrement sous
le nom de dérivation ; le mot de révulsion convient mieux à
celle déterminée par les boues.

OBSERVATION. — M. M..., du canton de Mézin , nous racontait
cette année, les bons effets qu'il avait obtenus des eaux de Barbotan : il y a vingt ans environ que j'éprouvai, dit-il, en prome-
nant, une faiblesse subite du bras gauche. Je m'étais un peu
découvert à cause de la douce température, quand tout à coup
je sentis que ce bras laissait tomber à terre le petit panier qu'il
soutenait. Surpris de cette faiblesse, et ne ressentant aucune
douleur qui la justifiât, je voulus ramasser l'objet, mais, à
mon grand étonnement, mes doigts ne purent exécuter les mouvements pour le saisir ; je fus obligé de soutenir mon bras jusque
chez moi, si je ne voulais pas le laisser pendant. J'étais donc
paralysé, mais je n'ai souvenance d'aucun autre trouble dans
ma personne. Après un traitement très-actif et varié pendant
six mois, les médecins me conseillèrent Barbotan, où je vins
vers le mois de juillet. M. M..., nous ajoute qu'après le premier
bain, il put porter la main du bras malade à sa bouche, tandis
qu'il était obligé de s'aider de l'autre main pour opérer antérieurement ce mouvement. Après un laps de temps assez court,
sous l'influence des bains et des douches, le membre paralysé

reprit de plus en plus sa liberté d'action ; et bien qu'il n'ait pu recouvrer encore complétement la première énergie, néanmoins, M. M....., depuis lors, se livre sans peine à ses occupations commerciales. Il nous a paru exécuter même des mouvements avec une force qui semble exclure toute faiblesse. M. M... se croit obligé chaque année, nous assure-t-il, de venir à Barbotan, par reconnaissance, et il paraît qu'il est très-fidèle à son engagement : Nous ne pouvons méconnaître dans cette observation une paralysie rhumatismale et une action dérivative et révulsive des plus promptes et des plus efficaces sur l'encéphale et les nerfs de la motilité de la part des eaux. L'action organique, suscitée par la stimulation propre aux eaux minérales, a modifié rapidement l'état des tissus affectés.

§ III.

Médication Substitutive.

Les eaux minérales de Barbotan agissent sur l'organisme comme de puissants moyens de substitution. Cette médication consiste dans l'emploi des moyens propres à exaspérer momentanément les symptômes d'une maladie, pour en accélérer ou en déterminer même secondairement la guérison. L'excitation générale, les mouvements conjestifs, les effets pathogénétiques même qu'elles déterminent, sont bien de nature à exaspérer l'état existant, aussi l'expérience a prononcé, depuis le père de la Médecine, sur les effets consécutifs d'une telle excitation. L'exaltation artificielle domine l'état morbide, elle tend à l'effacer en s'épuisant elle-même. Telle était la doctrine du célèbre Bordeu, que d'autres médecins ont reproduite, et qui reposait toute entière sur ces perturbations physiologiques, dont la thérapeutique thermale a retiré de si grands avantages. Il faut, disait-il, « ramener le type chronique au type aigu : faire de ces maladies latentes, sans coction, sans solutions critiques, des maladies où l'on retrouve le caractère, d'une fonction, d'une digestion suivie d'une évacuation évidente de la matière morbifique, ou de son absorption et de son élimination insensible. » Pour les rhumatismes en général, à Barbotan ne voit-on pas en effet, après quelques jours de traitement, survenir une aggravation dans les symptômes locaux, se traduisant par un gonflement ou une rougeur des parties affectées, et surtout par des douleurs plus intenses ? mais ce ne sont là que des accidents de courte durée, car, après un ou deux jours, il n'en reste souvent plus de traces, malgré l'usage continué des eaux. Les personnes qui ont l'habitude de fréquenter cette station ne s'inquiètent nullement de l'exaspération passagère qu'elles éprouvent au début de l'emploi des eaux, bien au contraire nous le voyons se réjouir de ces effets, persuadées que le résultat du traitement n'en sera que plus efficace.

§ IV.

Médication résolutive.

On entend en général par résolution, un mode de terminaison des maladies aiguës ou chroniques, ayant pour résultat le retour de la partie affectée à son état naturel. Le phénomène en vertu duquel le phénomène a lieu a pris, dans la science le nom de résorption ou d'absorption. L'absorption a lieu par la disparition plus ou moins complète et successive d'une humeur ou d'un liquide épanché, répandus en nappe ou circonscrits dans la trame du tissu adypeux, fibreux ou musculaire, par le retrait d'un organe dont l'inflammation ou l'assimilation troublée se modifient sous l'influence d'une excitation éloignée. Les eaux et les boues minérales de Barbotan, par la nature même de leurs principes, contribuent à exalter les phénomènes d'absorption générale, et la résorption des liquides ou des produits anormaux s'opère par l'augmentation d'activité d'organes plus ou moins susceptibles de combiner leur action pour une élimination salutaire. Ce sont là des faits d'observation constante.

§ V.

Médications diurétique, dépurative, sudorifique.

Nous pensons avoir suffisamment exposé les raisons qui militaient en faveur des eaux de Barbotan sous le rapport diurétique, dépuratif et sudorifique. Nous avons en effet signalé, au sujet de l'urination, les élémens minéralisateurs spéciaux à cette importante fonction, ou s'adressant au grand émonctoire extérieur, le système cutané. Nous avons comparé la composition chimique des sources de la Raillière et du Bois, à Cauterets, avec celle de Barbotan, et de ce rapprochement il en est résulté des analogies incontestables. M. Gigot Suard, nous écrivait tout récemment à ce propos : « Puisque la composition chimique vous a révélé une grande analogie entre les eaux de Barbotan et celle de la source du Bois, à Cauterets, la similitude des effets thérapeutiques s'explique jusqu'à un certain point; quoique le plus souvent l'analyse chimique ne rende pas compte de l'action des eaux minérales. » Cette dernière remarque de notre honorable confrère est foncièrement vraie, mais on conviendra qu'elle s'applique à toutes les eaux minérales en général. Cela tient à ce que chaque source a sa constitution propre, et que malgré la plus grande analogie en apparence entre deux sources séparées; on ne pourra jamais admettre une parfaite identité dans leurs actions. Il est aisé d'en saisir les raisons; ne sait-on pas en effet que l'électricité atmosphérique a une influence physique très-sensible sur quelques sources minérales, ainsi que nous l'avons déjà dit à propos de Barbotan. C'est ce qui avait fait dire sans doute, à Chaptal, que ceux qui s'occupent de l'examen des eaux minérales ne pouvaient qu'analyser le cadavre de ces liquides. Nous admettons aussi que les eaux minérales qui se ressemblent par leurs caractères extérieurs, ne sauraient être indistinctement employées dans des cas analogues, mais il est néanmoins bien démontré aujourd'hui que les vertus des eaux dans le traitement des maladies ont un rapport direct avec les élémens physiques qui les constituent. Chaque classe a donc son action élective, spéciale contre certaines maladies, voilà une règle générale que l'expérience a sanctionnée, et dont les exceptions sont et seront éternellement livrées à la sagacité, au talent et à la prudence du médecin.

§ VI.

Médication excitante.

L'analyse chimique des sources minérales de Barbotan a révélé dans leurs compositions un grand nombre de principes doués de propriétés excitantes. En effet les diverses recherches faites dans ce but ont eu pour résultat constant la présence de composés sulfureux, alcalins, ferrugineux, balsamiques, etc..., qui tous possèdent une action plus ou moins stimulante ou excitante sur nos organes.

Les eaux prises en boisson n'agissant pas directement sur les centres nerveux, ne peuvent réagir que faiblement sur tout l'organisme ; mais c'est dans les applications extérieures que l'on peut constater et apprécier l'intensité de leur stimulation. Les douches peuvent être placées en tête des moyens propres à déterminer l'excitation sur nos tissus. Elles font subir aux parties où elles s'exercent, un massage particulier qui présente un double avantage, d'abord une alternative de pression et de dilatation, et puis une action directe d'un liquide médicamenteux dont les effets se propagent des extrémités des nerfs au centre d'où ils émanent ; ceux-ci réagissent à leur tour sur les tissus frappés par la douche en leur imprimant une activité et une sensibilité nouvelle. N'est-ce pas à l'action organo-physiologique des eaux minérales que doit être attribuée la guérison de cette paralysie subite du bras, que nous avons précédemment rapportée ?

M. le Dr Gigot Suard a vu des névralgies anciennes et rebelles céder assez promptement à l'usage des eaux du Bois à Cauterets ; mais il avoue qu'il les a trouvées impuissantes contre les paralysies rhumatismales (1). Que conclure de ces faits, si ce n'est une action élective, une excitation inhérente à la nature même des eaux de Barbotan ? Nous avons vu et fait parler des sujets d'observation sans nombre, qui nous ont convaincu de la spécificité des eaux sous ce point de vue.

§ VII.

Médication sédative.

Puisque la composition chimique des eaux minérales de Barbotan se rapproche beaucoup de celle du Bois à Cauterets, nous ne saurions taire l'opinion de notre estimable confrère, M. Gigot Suard ; voici comment il s'exprimait à ce sujet, il y a quelques jours à peine : « Une expérience en quelque sorte séculaire a démontré les bons effets des sources du Bois dans les affections rhumatismales. Il est certain qu'elles calment l'élément-douleur promptement ; et qu'elles ne tardent pas aussi à augmenter l'énergie musculaire. Il y a donc là une action sédative et une action excitatrice. »

La sédation est une expression générale d'un effet thérapeutique qui peut être produit par une foule de moyens très-différents, quelquefois même opposées. Les eaux minérales de Barbotan peuvent devenir sédatives en bains, lorsque leur température ne dépasse pas 33° cent., et que la durée du bain, n'excède pas 35 minutes.

Les douches peuvent être sédatives d'une affection organique profonde, par un effet de substitution, de révulsion ou d'excitation à la peau, c'est-à-dire par voie indirecte.

Les Boues participant à la fois des bains et des douches, par l'action calmante et déprimante des bains d'une part, d'un autre

(1) Voir l'observation, page

côté, par l'action excitante, par conséquent résolutive, substitutive des matières limoneuses, les boues, disons-nous, sont de nature à produire une action sédative sur un état pathologique local ou généralisé. Mais hâtons-nous de le constater, les moyens les plus propres à produire la sédation d'une manière directe, sont l'eau de la buvette sulfureuse en boisson, les bains tempérés de la grotte aux trois piscines et les bains des thermes, dont la température ne dépasse pas 33° cent. On comprend néanmoins, combien l'abondance de l'eau en boisson, la durée et la fréquence des bains peuvent varier les résultats. Il importe donc dans tous ces cas de procéder avec discernement et modération.

Observation. — Fr. de S. âgé de 15 ans, d'une constitution robuste en apparence mais lymphatique, fut atteint en mai 1866, à la suite d'une impression de froid, d'un rhumatisme articulaire avec complication sur le cœur et les poumons. Les antiphlogistiques appropriés à son âge et à son tempérament furent employés au début. Des symptômes de pleurésie et d'hydropéricardite se déclarèrent successivement, et nous firent craindre pour ses jours : Fièvre ardente, dispnée, suffocation, insomnie, syncopes, etc., tout justifiait nos appréhensions.

Les diurétiques, les narcotiques, les purgatifs, la digitale, le calomel, les vésicatoires, etc., furent employés suivant l'indication du moment. Ce ne fut qu'après deux mois que ce malheureux enfant entra dans une convalescence un peu franche. Très-affaibli, éprouvant encore quelques élancements douloureux dans les articulations du poignet droit et du genou, mais sans fièvre et ressentant de l'appétit, je me décidai dans ces conditions à proposer à la famille, d'envoyer sans tarder le malade à Barbotan, où il arriva vers le mois d'août. Il fut soumis au traitement thermal sous la direction de l'honorable inspecteur des eaux, M. le docteur Laffaille. Il y a quelque jour à peine que ce jeune homme m'avouait avoir éprouvé après le 4e bain, un si grand bien-être, qu'il se regarda comme guéri à partir de ce moment, (*sic*). Il prit dans l'espace de trois semaines dix bains, huit douches et deux ou trois bains de boues. Il rentra dans sa famille après ce temps avec un état de santé parfaite. Depuis cette époque, il n'a plus ressenti la moindre douleur, soit dans les articulations, soit du coté du cœur; il se porte à merveille aujourd'hui.

Cette observation est remarquable à deux points de vue. Les eaux minérales de Barbotan ont produit chez notre sujet une action sédative d'abord sur l'affection rhumatismale, et puis une action résolutive sur les séreuses du cœur et des poumons. Par la spécialité qui lui est propre, l'eau minérale a agi directement sur les tissus fibreux et musculaires dont elle a rétabli immédiatement l'innervation dérangée ; et par son excitation au moyen des douches, elle a déterminé et activé l'absorption des sécrétions anormales, à l'aide d'une résolution consécutive. Le premier effet des eaux de Barbotan est caractérisé par une excitation plus ou moins énergique suivant les doses et la susceptibilité organique, mais l'effet consécutif est bientôt marqué par une sédation.

A Cauterets, les eaux du Rocher Rieumiset offrent des caractères de sédation excessivement appréciés ; mais, ce qui ajouterait une grande valeur à ces sources, ce sont des *traces sensibles* d'iodure alcalin, qui les rendrait très-précieuses dans la scrofule et le lymphatisme.

§ VIII.

Conclusion.

Si nous résumons l'action thérapeutique des eaux et boues de Barbotan, nous sommes forcés de reconnaître qu'elles sont manifestement toniques et reconstitutives, révulsives, substitutives, résolutives, diurétiques, dépuratives et sudorifiques ; excitantes et sédatives. Que cette station doit prendre rang parmi les plus remarquables que l'on connaisse à cause de la diversité des principes minéralisateurs qui entrent dans la composition de ses sources minérales ; et que partant, elles offrent à la thérapeutique une infinité d'indications pour le traitement des maladies chroniques.

En effet, par leur sulfuration modérée, elles exercent une action particulière sur le système lymphatique et cutané. C'est dire qu'elles conviennent principalement dans les madadies de la peau, les dartres, les psoriasis, les scrofules, les rhumatismes, les maladies articulaires, etc. Elles sont aussi d'une grande efficacité dans les affections des voies respiratoires, le coryza, les inflammations chroniques du pharynx, la bronchite et le catarrhe chronique, la pneumonie chronique et le début de la tuberculisation pulmonaire; les épanchements pleurétiques, l'asthme et l'emphysème des poumons. Grâce à la faible, mais notable proportion d'hydrogène sulfuré, ainsi qu'à la présence de sels ferreux dans leur composition, les eaux minérales concourent à produire d'une manière lente, mais progressive et sans troubles, ce surcroît d'énergie et d'activité organique désigné sous le nom de remontement général. L'eau de la buvette sulfureuse prise en boisson jouit entre toutes les sources de cet heureux privilége.

Par leur alcalinité, elles agissent avec grande efficacité contre les aigreurs des premières voies, les engorgements des viscères abdominaux, les tumeurs blanches, les ulcères atoniques, les affections anciennes et dégénérées des voies respiratoires, les produits anormaux des fonctions sécrétoires. Elles modifient les tissus organiques par une excitation interstitielle et régularisent les fonctions assimilatrices. Si nous nous en rapportons à l'opinion de M. le docteur Gigot Suard, les eaux de Barbotan, seraient pour le moins, aussi efficace contre l'herpétisme que celles du Bois, à Cauterets. « Je crois, dit-il, que les eaux minéralisées par le sulfure de sodium avec prédominance des sels alcalins sont les plus avantageuses pour combattre l'herpétisme, soit que l'excès des principes alcalins favorise l'absorption du soufre dans les premières et secondes voies, soit que ces principes modifient eux-mêmes directement les effets de la diathèse et l'état de l'économie. » Si Barbotan n'a pas de sulfure de sodium, il contient en revanche une quantité à peu près égale de silice libre ou d'acide silicique, et de sels à base de soude. Dès lors, ses propriétés anti-herpétiques se trouvent justifiées.

L'alcalinité et la sulfuration des eaux combinent leur action

pour exalter les fonctions perspiratoires et éliminer les principes morbifiques de la trame des divers tissus organiques. Nous
voyons reparaître encore ici, leur spécificité contre les maladies
de la peau et en même temps contre les affections diathésiques
et virulentes, scrofules, rachitisme, syphilis, etc. Toutes les
sources contiennent une certaine quantité de sels ferreux, mais
la source de la buvette ferro-manganique en contient dans une
proportion bien plus considérable. Aussi convient-elle davantage et plus spécialement à la chlorose, à l'anémie, à la leu-
corrhée, à l'aménorrhée et à la dysménorrhée.

Nous avons recommandé maintes fois l'eau de cette source en
boisson à des femmes mal réglées, ayant les pâles couleurs, et
les fonctions utérines se sont toujours modifiées avantageusement sous son influence.

Nous avons la certitude aussi, que ces résultats avantageux
étaient dus à l'heureuse association des composés de manganèse
qui entrent dans la composition de cette eau. Nous attachons à
cette source la plus sérieuse importance en raison de la rareté
de ces principes manganiques dont l'utilité vient d'être démontrée
d'une manière éclatante, par l'honorable professeur de Lyon,
M. Pétrequin.

Les eaux de Barbotan rentrent encore dans la classe des eaux
minérales muriatiques, par le chlorure sodique et le muriate de
soude, bien constatés dans plusieurs sources. A ce titre, elles
s'adressent aux rhumatismes nerveux, aux névralgies diverses,
aux lésions de la sensibilité.

Enfin, l'existence dans le limon des boues d'un principe bitumineux, incontestable par l'odeur qu'il répand dans les cabinets
des bains, vient ajouter encore à la valeur déjà considérable de
cette station. Aucune analyse n'a mentionné cette particularité,
et cependant il est impossible de ne pas l'admettre; les personnes qui l'ont constatée avec nous ne lui ont attribué d'autre
origine que celle des boues. Sa présence étant démontrée, nous
devons lui octroyer les propriétés qui lui sont assignées par
l'expérience. Les préparations qui renferment des principes bitumineux sont généralement toniques et sédatives, car elles calment souvent les douleurs et fortifient en même temps les par-

ties affaiblies. « L'usage du bitume (est-il dit dans le dictionnaire des sciences médicales, t. iii, p. 152), remonte à la plus haute antiquité, comme celui des baumes, à en juger par l'emploi qu'on faisait de l'asphalte et du pétrole dans les embaumements. On pourrait même croire, comme le pensent quelques naturalistes, d'après un passage d'Hérodote, qu'il existait en Ethiopie une source de naphte où se baignaient les habitants du pays, qui en sortaient, dit-il, parfumés comme d'une odeur de violette, et plus luisants que s'ils s'étaient frottés d'huile. Cette fontaine n'avait pas sans doute la propriété de celle de Jouvence ; mais, on lui attribuait au moins la longévité dont jouissaient en général les Ethiopiens. »

Les modernes ont employé les bitumes en application extérieure, en liniment ou friction, stimulantes et sédatives, pour exciter la circulation capillaire et amener consécutivement une sédation dans la sensibilité. Voilà pourquoi on s'en est servi, et on s'en sert encore aujourd'hui, contre les névropathies de diverses natures. Ils se montrent efficaces contre les ulcères, les anciennes cicatrices. De Courcelles en a obtenu d'heureux effets dans les phthisies confirmées. Mais, en général, ils ne doivent être prescrits, comme les baumes, avec lesquels ils ont les plus grands rapports sous le point de vue de l'action physiologique, qu'à l'état chronique d'une affection interne. On cite aussi, comme renfermant également un principe bitumineux, la source de Visos, arrondissement d'Argelés, Hautes-Pyrénées. C'est à ce même principe que serait-due, dit-on, la vertu bien connue de ses eaux dans les maladies de l'estomac et des poumons, à l'instar du Coaltar, elle produirait des effets merveilleux, sur les plaies, les ulcères, les cicatrices et les affections utérines. Dans ce rapprochement, la similitude des effets thérapeutiques, concordant avec l'analogie des principes chimiques, vient encore confirmer sous ce rapport l'heureux privilége des boues de Barbotan.

Mais la connaissance des éléments chimiques, celle de la thermalité, de la stabilité qui est propre à chaque source en particulier, ne suffisent pas pour établir un traitement rationel, nous l'avons dit implicitement déjà. Il faut tenir le plus grand

compte des conditions inhérentes au malade, apprécier sa constitution, son tempérament, ses aptitudes, constater exactement
l'état pathologique dont il est atteint, avoir égard à l'âge, au
sexe, à la profession, au milieu où il vit, au régime suivi, à ses
habitudes, aux maladies antérieures, à l'influence que l'hérédité
peut avoir sur l'état maladif, enfin aux divers moyens employés
jusqu'à ce jour. Ce n'est pas tout encore, il faut compter aussi
avec l'action thérapeutique qu'une certaine expérience apprend
à connaître. Chomel, disait : « L'action thérapeutiqne des eaux
ne peut être déduite rigoureusement de leur composition chimique, c'est que les réactions, résultant de corps inorganiques
sur des substances organisées et douées de la vie, doivent essentiellement différer de celles opérées entre des corps purement
inorganiques. » En effet, les principes qui animent les corps
organisés et vivants ne se mesurent ni ne se pondèrent ; ils
échappent à tous nos moyens d'investigation. Connaîtra-t-on
jamais la structure intime de nos organes, appréciera-t-on jamais exactement la nature des forces qui président à leur agen-
cement ou à leur dissolution. « Le mode d'action de la cause
morbifique est-il dit, plus loin, la lésion primitive qu'elle a
produite dans l'économie et la manière d'agir du remède, sont
dans leur cause première ou dans la nature même, des mystères
incompréhensibles devant lesquels le médecin doit s'arrêter. »
Et Sydenham ne l'a-t-il pas dit avant ce dernier pathologiste en
termes plus explicite : « Tous les actes de la nature sont enveloppés de la même obscurité, l'intelligence qui a coordonné
l'univers, s'est réservée à elle seule la connaissance des ressorts
qui en maintiennent l'harmonie. » De l'ignorance où nous sommes sur la nature intime des phénomènes de la vie, doit-on
refuser à la médecine sa bienfaisante influence comme art de
guérir ? A-t-on le droit d'avancer qu'elle n'est qu'une science de
conjectures ? Parce qu'on ignore la nature du fluide électrique,
pouvons-nous nier ses admirables effets, ou en douter seulement
un seul instant ? Celui qui doute afin de chercher, avance la
science ; c'est ce que fit Descartes quand il voulut se livrer à
l'étude exacte des choses ; mais, celui qui reste sceptique sur tout,
arrête le progrès de toute connaissance ultérieure ; « comme

ces Lazzaronis vivant au jour le jour, contents du dolce *far niente.* » C'est la doctrine des ignorants.

Si la plus grande obscurité nous voile les actions intimes des substances médicamenteuses, sur notre organisation, nous pouvons du moins en saisir les phénomènes apparents, c'est à cela que doit dès lors s'attacher le médecin observateur pour en déduire la justesse de ses prescriptions. « La pratique de la médecine s'appuie sur des bases solides, sur des raisonnements suivis, elle cesse d'être conjecturale, alors qu'elle offre ces deux données :

1° Une lésion bien reconnue ;

2° Des remèdes dont l'opération est prévue.

Il est impossible que la médecine guérisse toujours, et les limites de son pouvoir ont été posées par le Créateur lui-même. Ecoutons la voix de l'expérience, et éclairons-nous du flambeau que nous ont transmis nos ancètres par leur travaux. Ce que l'expérience nous aura suggéré, admettons-le comme probable, et ne soyons pas assez pyrrhoniens pour douter que le quinquina convienne dans les fièvres intermittentes, quoique son mode d'action soit à peu près inconnu. Réservons nos doutes pour les hypothèses et les explications, et notre croyance pour les faits bien constatés et manifestes qui sont le solide fondement de toutes les sciences positives (Virey).

Pour résumer la théorie des bains et des boues de Barbotan, nous disons avec Duffau, que les premiers ont une vertu détersive, resolutive, diaphorétique, tonique ; et que les boues possèdent les mêmes propriétés à un degré bien supérieur. Elles sont très-efficaces principalement dans les cas ou l'on veut remédier à la laxité, repousser de la circonférence au centre ; et les bains au contraire méritent d'être préférés, lorsqu'on redoute les suites d'un ressort trop monté, ou les inconvénients de la répercussion : les boues sont donc plus résolutives, plus sudorifique, plus atténuantes, plus toniques, plus répercussives, mais moins humectantes, moins relâchantes que les bains.

En réservant un article à part sur le rhumatisme nous n'avons nullement le dessein de faire l'histoire complète de cette affection, nous sortirions des limites que nous nous sommes proposées en entreprenant ce travail. Nous exposerons seulement, aussi succinctement que possible les caractères généraux des affections rhumatismales, leurs causes, leur siége, leur nature, le diagnostic différentiel, et le traitement thermal considéré à un point de vue général. Enfin, nous dirons quelques mots sur la goutte et son traitement par les eaux de Barbotan.

Du Rhumatisme.

Jusque vers le xvime siècle, le rhumatisme fut confondu avec la goutte, affection essentiellement différente ; il n'y a pas longtemps encore que les Pathologistes confondaient ces deux maladies sous le nom d'arthritis ou de douleurs articulaires.

Etymologie. — Le mot rhumatisme dérive de deux mots grecs, ρεω je coule, et ρευμα fluxion ; ce qui semble indiquer que dans l'antiquité on regardait le rhumatisme comme le résultat d'une humeur fusant à travers nos tissus. A partir du siècle dernier, le rhumatisme reçut diverses désignations de la part des auteurs suivant l'idée qu'ils se faisaient sur sa nature. Il fut tour-à-tour appelé myositis, fièvre arthritique (Mertens et Giannini) ; douleurs rhumatisantes (Corvisat) ; arthrodynie, crymodynie (Baumes) ; myodynie, (Swediaur). C'est à tort que l'on a regardé le rhumatisme comme étant produit par un écoulement de nature catarrhale, par un mouvement fluxionnaire, congestif, qu'il est souvent impossible de constater. Néanmoins on est convenu de conserver cette désignation à la maladie sans préjuger de sa véritable nature.

Causes. Les causes de rhumatisme sont excessivement nombreuses, ce qui justifie en quelque sorte la fréquence de cette affection, que certains auteurs ont évalué à un quinzième des maladies en général.

Age. — Il est généralement reconnu que le rhumatisme n'affecte guère l'enfance. Ce n'est qu'à partir de la quinzième année que cette affection paraît avoir réellement prise sur l'organisme. Le maximum d'aptitude a lieu pendant l'âge adulte, et va décroissant à partir de 45 ans.

Sexe. — Les femmes sont moins sujettes aux affections rhumatismales que les hommes. Nous devons constater cependant que les troubles des fonctions qui leur sont spéciales , les rendent alors plus aptes que les hommes ; les statistiques semblent justifier du moins cette opinion pour les époques de la ménopause.

Tempérament. — L'expérience a démontré que le tempérament sanguin était le plus apte à contracter le rhumatisme ; et que le lymphatico-sanguin prédisposait au rhumatisme articulaire de préférence.

Constitution. — En général les constitutions fortes y sont plus sujettes que les faibles. Mais si à une constitution débile se joint un tempérament nerveux , la prédisposition devient plus certaine, surtout s'il s'agit du rhumatisme aigu.

Idyosyncrasie. — En dehors des causes que nous venons d'énumérer , il en est une qu'il est impossible de reconnaître , de déterminer par toutes les données de la science elle-même. C'est une disposition propre à chaque individu, soit en santé soit en maladie , qui fait que tel sujet , toutes choses égales d'ailleurs , est plus exposé à telle maladie qu'à telle autre. Ne voit-on pas en effet un froid humide déterminer toujours un rhumatisme chez un même individu , tandis que chez tel autre la même influence donnera habituellement lieu à une pleurésie ou à un catarrhe pulmonaire ? N'est- ce pas là une aptitude particulière , une infirmité relative , pour nous servir de l'expression de Barthez , inconnue dans sa nature même , mais manifeste par les phénomènes morbides qui en sont la conséquence ?

Hérédité. — Beaucoup d'auteurs regardent le rhumatisme comme héréditaire. Scudamorre et Pinel partagent cette manière de voir. On voit souvent en effet des individus jeunes , issus de parents rhumatisans, contracter facilement les mêmes affections. Chomel estime que dans près de la moitié des cas on constate l'influence héréditaire. Les statistiques n'ont pas été faites à ce propos , ce nous semble, de manière à obtenir des résultats exacts. En voici la raison : C'est que les descendants , sans avoir reçu en héritage , le triste privilége de l'aptitude rhumatismale, peuvent en contracter la diathèse , s'ils viennent à mener la même existence que les parents et vivre dans les milieux favorables à sa production. D'un autre côté on n'ignore pas qu'il a suffi dans bien des circonstances , pour triompher des rhumatismes périodiques et rebelles , d'un changement de profession dont les conditions hygiéniques offraient des garanties supérieures de salubrité.

Causes extérieures efficientes. — Les causes extérieures dominantes résident généralement dans les qualités de l'air , dans sa constitution. L'air froid , humide est la cause efficiente du rhumatisme par excellence. — Indépendamment des vicissitudes atmosphériques, ne peut-on pas encore admettre, comme cause qui concourt à produire le rhumatisme , certaine constitution particulière de l'air , que ni les instruments de physique, ni nos sens ne peuvent apprécier, et qui dépendrait d'une sorte d'état électrique de l'atmosphère ? Les douleurs qu'éprouvent quelque temps avant l'orage les individus qui ont d'anciennes cicatrices , ne pourraient-elle pas être citées à l'appui de notre opinion ? On sait que les rhumatisans sont très-exposés aux attaques de leur maladie par les temps pluvieux , et qu'ils ressentent aussi des douleurs plus vives qui les avertissent des approches d'un changement dans l'atmosphère , ce qui peut les faire considérer comme des baromètres vivants, selon l'expression de Robert Thomas. Le célèbre auteur italien Giannini regarde le froid simple comme l'unique cause du rhumatisme. Cette opinion parait résulter des nombreuses remarques qu'il a faites à ce sujet ; aussi considère-t-il le froid et l'humide comme une même cause. C'est qu'en effet beaucoup de rhumatismes surviennent alors que le corps est seulement exposé à un refroidissement, sans trauspiration cutanée, sans humidité appréciable de l'air. Néanmoins comme cette dernière condition est rarement bien constatée, nous croyons, nous, à une influence, plus active qu'on ne le suppose ordinairement, de l'humidité de l'atmosphère. Retraçons, pour le prouver, ce que dit le dictionnaire des sciences médicales à propos des vents de sud et d'ouest, les plus hygrométriques connus : « Les vents de sud et d'ouest sont ceux dont l'influence produit le plus fréquemment le rhumatisme. C'est moins par la direction même dans laquelle se meut la masse atmosphérique que par la proportion d'eau et de calorique qu'elle porte avec elle, que ces vents favorisent le développement de la maladie. » M. Martinet aurait attribué la grande fréquence des affections rhumatismales depuis 1740 au vent du nord plus souvent décliné à l'est et à l'ouest. « Nous ne nions pas absolument la possibilité de contracter un rhumatisme sous l'action seule du froid, mais nous sommes portés à croire que, dans l'immense majorité des cas, le froid et l'humide agissent simultanément. Nous pensons même, qu'à moins d'une grande prédisposition, l'état hygro-métrique de l'air doit atteindre un certain degré pour être capable de produire un rhumatisme bien confirmé. Nous allons citer une observation personnelle à l'appui de cette dernière proposition :

Observation. — Au mois d'octobre 1851, nous contractâmes un rhumatisme du membre inférieur droit, après avoir subi, sur les bords de la méditerranée, pendant huit heures consécutives, des pluies torrentielles et le vent violent connu sous le nom de *mistral*. Les jours suivants nous éprouvâmes des douleurs très-vives dans les muscles antérieurs de la cuisse, autour du genou et de la hanche du même côté. Je ne continuai pas moins ma mission auprès du 51ᵐᵉ de ligne pendant vingt et quelques jours de marche, mais ce ne fut pas sans de cruelles souffrances. Rentré à Perpignan vers la fin de novembre, je reçus à l'hôpital militaire tous les soins que comportait mon état, et je saisis ici l'occasion, de témoigner toute ma gratitude à notre honorable médecin en chef, M. Gassaud, de tous les égards qu'il eut pour moi dans cette circonstance.

Les exigences du service nous obligèrent de quitter l'hôpital, encore souffrant, pour le fort de Mont-Louis, vers la fin de février 1852. Ce ne fut pas sans de grandes appréhensions que nous nous rendîmes à un poste où régnait un froid intense, et où les vicissitudes de l'air pouvaient nous être funestes. Il n'en fut rien, car la faiblesse et les douleurs légères que nous éprouvions s'effacèrent rapidement, malgré que le sol fut, pendant trois mois encore, recouvert d'un mètre de neige.

Cette observation nous paraît intéressante sous deux points de vue : D'abord, ce n'est pas un froid intense qui a été ici cause efficiente du rhumatisme, c'est une grande humidité favorisée par un vent de sud. En second lieu, c'est que malgré la neige et des dégels répétés, mais de courte durée et incomplets jusques à la fin mai, l'air y est généralement sec, et de plus, rare. (La colonne barométrique ne marque que 60 c.) Tandis que l'on trouve beaucoup de goutteux dans cette contrée, on y constate peu de rhumatisants.

OBSERVATION. —Nous étions resté de 1852 à 1868 sans être incommodé de nos douleurs, lorsque, à la suite d'une longue marche par un temps de dégel, nous éprouvâmes une atteinte nouvelle dans les muscles de la partie antérieure de la cuisse et l'articulation coxo-fémorale droites. Les douleurs s'exaspéraient considérablement par les mouvements, et augmentaient surtout pendant la nuit. Je parvins à les modérer cependant par divers moyens, mais elles ne disparurent complétement qu'après avoir fait usage des eaux et des boues de Barbotan, au mois d'août 1869.

RÉFLEXIONS.—Le retour du rhumatisme, était cette fois encore, provoqué par des causes également bien déterminées ; c'étaient le froid et l'humide qui avaient agi concurremment, secondés par une fatigue excessive.

Dans la première attaque de 1851, on ne pouvait invoquer un froid manifeste, car la température était encore assez élevée dans ce pays à la fin de septembre ; tandis qu'à l'époque de la deuxième atteinte, la neige fondait abondamment sur le sol.

Je me souviendrai longtemps du bien-être et de l'énergie que

je ressentis à mon retour de Barbotan, aussi je ne négligerai
pas d'y revenir de temps en temps pour me prémunir contre de
nouvelles rechutes.

Parmi les autres causes efficientes, nous citerons le *printemps*
et *l'automne*, comme saisons plus favorables au développement
du rhumatisme. Cela peut se concevoir aisément d'après ce que
nous venons de dire sur les conditions atmosphériques. Il en est
de même des *bains froids*, quand le corps est en sueur, des
vêtements insuffisants surtout par des temps froids et humides.

On a vu quelquefois aussi des médicaments, agissant comme
astringents et répercussifs d'affections cutanées, donner lieu à
une affection rhumatismale, par déguisement, conversion ou
métamorphose; il importe dans ces cas de bien déterminer l'état
constitutionnel du sujet pour se prémunir contre le danger de
rétrocessions graves et quelquefois mortelles.

Les fatigues excessives, soit physiques, soit morales; les
convalescences longues ; un état *de débilité*, en un mot, rend
l'invasion du rhumatisme plus facile. Giannini prétend qu'une
grande contention d'esprit émousse les forces vitales, prédispose
à la faiblesse, par suite à la transpiration et au froid, causes
ordinaires du rhumatisme (*Dict. des scien. méd. Rhum.*).

OBSERVATION. — T. B..., âgé de trente-quatre ans, proprié-
taire-cultivateur, de bonne constitution, n'ayant jamais eu de
douleurs rhumatismales, ressentit, en juin 1869, les atteintes
d'un rhumatisme articulaire aigu, qui suivit toutes les articulations principales, et dont l'intensité se montra surtout au poignet
gauche et au genou droit. Ce malheureux fut d'autant plus
éprouvé qu'il se trouvait en convalescence d'une fièvre typhoïde
à forme muqueuse. Après vingt jours de souffrances atroces, les
symptômes d'acuité s'amendèrent, la fièvre céda et l'appétit
reparut. Les jambes ne pouvaient à peine le soutenir, son poignet gauche, quoique peu douloureux était encore gonflé.
Néanmoins, je l'engageai à partir pour Barbotan, il suivit mon
conseil, et se fit *hisser* dans la diligence peu de jours après.
Après avoir fait usage pendant dix-huit jours de bains, de douches et surtout de bains de boue, il rentra chez lui radicalement
guéri : me trouvant à même de le voir souvent et de m'informer

de sa santé , il m'a toujours assuré qu'il n'avait plus ressenti la moindre douleur.

Il ressort évidemment de cette observation, que la grande débilité du sujet a été , sinon cause efficiente, du moins cause prédisposante incontestable du rhumatisme survenu pendant une convalescence pénible.

Du siége du rhumatisme.

On admet généralement que tous ou presque tous les tissus de l'économie peuvent être atteints primitivement ou secondairement de rhumatisme aigu ou chronique.

Le système ou tissu cellulaire est pris secondairement , il en est de même de celui qui est répandu entre les couches musculaires.

Scudamorre professe aussi la propagation de l'affection rhumatismale par continuité de tissus ; seulement il est incertain si c'est la fibre nerveuse elle-même qui est primitivement atteinte ou son enveloppe.

Le rhumatisme n'atteint pas les gros vaisseaux , mais les parties pourvues de vaisseaux d'un petit calibre.

Il semble naturel d'admettre que le système lymphatique soit aussi le siége , du moins momentanément, car c'est par son intermédiaire que le rhumatisme se propage d'un endroit à l'autre , sans toutefois donner lieu à des accidents inflammatoires, ni même douloureux. Ce qui n'a pas lieu dans les cas de propagation par inflammation franche et vraie.

Aujourd'hui , l'opinion la plus accréditée porte à admettre que le tissu fibreux et le tissu musculaire sont les deux systèmes qui constituent le siége exclusif du rhumatisme. Cullen ; Brouillet , Chomel et Bichat sont de cet avis. Ce dernier penche même à croire que le tissu fibreux est le plus sonvent affecté.

Un autre auteur distingué , M. Tourné, donne d'après nous, l'explication la plus concluante que l'on ait avancé jusqu'ici ; nous allons la rapporter dans toute son étendue : « L'anatomie , dit-il , nous enseigne que la réunion des muscles , les muscles isolés et même les faisceaux qui les composent, sont enveloppés de membranes dont la continuité et l'analogie des fonctions doivent fortement faire présumer qu'il n'existe de différence entr'elles que celle d'une texture et d'une densité plus ou moins prononcée suivant le degré de force qui leur est nécessaire. Si l'on fait attention, en outre, que la partie tendineuse des muscles envahit avec l'âge leur partie musculaire, que cette même portion musculaire se convertit même en un véritable tendon par la pression ou le frottement longtemps continués ; que chez certains animaux, les muscles devenus inutiles, conservent sous la forme de corps tendineux leur place et leurs rapports ; on en conclura, dit M. Tourné, que les tendons ne sont autre chose que l'ensemble des extrémités des gaînes musculaires. De là, il paraît probable à l'auteur que la membrane qui fournit les gaînes musculaires, étant communes aux muscles, aux tendons et aux aponévroses, est le siége de l'inflammation rhumatismale de ces trois sortes d'organes, et que ce n'est pas spécialement la fibre musculaire qui est affectée dans le rhumatisme aigu. M. Tourné convient seulement que, c'est peut-être la fibre musculaire qui est affectée dans ces vives douleurs à la suite de violentes contractions. »

Causes prochaines.

Il est peu de maladies, après la goutte, qui aient donné lieu à plus d'hypothèses, de théories et d'opinions diverses sur sa cause prochaine, sa cause immédiate et sa formation, que celle dont nous nous occupons.

Broussais supposa que l'irritation, venant à diminuer à la peau, se portait ailleurs, et dans le cas de rhumatisme, cette irritation gagnait les capsules et les ligaments articulaires. D'après lui, donc, c'était un défaut d'équilibre dans la sensibilité générale.

Scudamorre, en Angleterre, et Giannini, en Italie, écrivaient en même temps, que la débilité, l'atonie, constituaient la cause prochaine du rhumatisme. Pour Giannini c'était une atonie du système nerveux, à laquelle succède et s'associe une réaction artérielle et musculaire, qu'il caractérisait par le mot de névrosthénie.

Cullen prétendit que le rhumatisme était dû à un effet de

contriction des petits vaisseaux sous l'influence du froid, occasionnant une rigidité des fibres musculaires qui les rend moins propres au mouvement.

Quoi qu'il] en soit de ces diverses théories, la raison nous fait comprendre que sous l'influence de causes extérieures, telles que le froid, la chaleur et l'humidité, les solides et les liquides de l'économie éprouvent des modifications profondes dans leurs textures, dans leur manière d'être; et qu'il doit en résulter un trouble dans les fonctions qu'ils sont appelés à remplir. D'un autre côté, ce trouble ne peut exister que par le fait d'un changement dans la tension des tissus musculaire et fibreux surtout, en même temps que le système vasculaire se trouve plus ou moins influencé. En un mot, c'est un défaut d'équilibre des forces organiques ayant pour conséquence une diminution du mouvement et une exaltation de la sensibilité. Tout moyen dès lors qui sera susceptible de relever l'énergie musculaire et de modérer les nerfs de la sensibilité, offrira les plus grandes garanties pour rétablir l'organisation dérangée.

Nature du Rhumatisme.

Presque tous les auteurs modernes regardent le rhumatisme, au moins celui qui est aigu, comme de nature inflammatoire; aussi l'a-t-on rangé au nombre des phlegmasies. Ce qu'il y a de positif, c'est que dans l'immense majorité des cas, le sang est albumineux, et que la couenne se forme à la surface du sang écoulé par la saignée du bras. Si l'on tient compte toutefois de sa mobilité, de son étendue, de son irrégularité dans sa marche, de la persistance de la fièvre, indépendamment de tout symptôme local, de ses modes de terminaison, on est forcé d'avouer que le rhumatisme est un état inaflmmatoire d'une nature spéciale, *sui generis*, qui doit être distingué des flegmasies franches.

Barthez, appréciant la nature du rhumatisme chronique, l'assimile à une inflammation lente, accompagnée d'un effort de situation fixe des fibres affectées. Bornons-nous ici encore à admettre un caractère inflammatoire particulier et moins déterminé qu'à l'état aigu. En effet, il y a absence de fièvre généralement

dans le cas de rhumatisme chronique ; et , s'il y a un mouvement fébrile , il n'est qu'éphémère (Cullen). Les douleurs sont
ordinairement plus sourdes et gravatives. On ne constate pas
de rougeur sur les articulations douloureuses , qui sont froides
et raides. Communément , les douleurs augmentent par le froid
et diminuent par la chaleur. Nous avons rencontré des exceptions , et nous avons malheureusement de temps à autre l'occasion de nous en convaincre personnellement. Lorsque , sous
l'influence d'une grande perturbation atmosphérique, nos douleurs se réveillent , il nous suffit d'alléger les parties atteintes,
pour ressentir immédiatement un calme parfait. Nous avons
trouvé d'autres cas de ce genre. Néanmoins , nous admettrons
avec Cullen et d'autres auteurs modernes que les limites entre
le rhumatisme aigu et le rhumatisme chronique ne sont pas toujours fort sensibles , ce qui justifiera notre opinion sur l'indivi-
dualité phlegmasique que nous avons attribuée à ce dernier.

Diagnostic.

Sans entrer dans de longs détails sur les maladies qui pourraient être confondues avec le rhumatisme , nous signalerons
cependant , à grands traits , les principales maladies qui pourraient parfois donner lieu à des méprises.

Les développements que nous avons donnés déjà au sujet du
rhumatisme aigu nous dispensent de toute comparaison avec le
rhumatisme chronique.

Au début des affections fébriles , on pourrait se méprendre
sur la nature des douleurs arthritiques ; mais il est encore possible d'éviter l'erreur , si l'on observe que les jointures ne sont
pas douloureuses dans les affections fébriles , tandis qu'elles le
sont dans les affections rhumatismales.

Il est important parfois de s'enquérir de l'état des parties
sexuelles pour se convaincre si l'on n'a pas affaire à une arthrite
blennorrhagique.

Les douleurs ostéocopes peuvent aussi donner le change avec
l'affection rhumatismale ; mais , outre que ces douleurs se
font ressentir vers le milieu des os longs , dans leur épaisseur
plutôt que dans les parties musculaires, les antécédents ou com-

mémoratifs éclaireront le médecin pour lui faire éviter toute erreur sur leur véritable cause.

On peut considérer comme ayant quelque analogie avec celles qui tiennent à un principe rhumatismal la *colique de Madrid*, appelée colique rhumatique par Librou, colique bilieuse rhumatique, par le barron Larrey, affection due à des écarts brusques et considérables de la température de ce pays. Dubisy la regarde comme une affection rhumatismale de la membrane musculaire du tube intestinal. Le baron Larrey a remarqué que, lorsque la maladie se portait sur les extrémités, l'affection rhumatismale parcourait ses périodes ordinaires, et la maladie primitive avait une heureuse terminaison. (*Dict. sc. méd.*, t. 48, p. 595.) Du reste, il n'est guère possible de se faire longtemps illusion sur la détermination exacte de cette maladie.

Quant aux phlegmasies en général, le rhumatisme en diffère par sa grande mobilité, sa tendance à la récidive et sa rare terminaison par suppuration. Quelle différence, en effet, de l'inflammation rhumatismale de l'estomac et des intestins, avec l'inflammation franche et vraie de ces organes? La première dure des années, la seconde se juge ordinairement en quelques jours !...

De toutes les phlegmasies, la goutte est celle qui est la moins facile à distinguer ; aussi croyons-nous bien faire, pour en saisir les caractères différentiels, que de les mettre en regard dans un tableau comparatif :

CIRCONSTANCES PRÉDISPOSANTES.

Rhumatisme.	Goutte.
Jeunesse et âge mur ;	Age mûr et vieillesse ;
Les deux sexes ;	Sexe masculin ;
Tempérament sanguin ;	Tempérament nerveux ;
Constitution robuste ;	Constitution irritable ;
Professions pénibles ;	Etat d'opulence ;
Indigence ;	Ordinairement héréditaire ;
Hérédité peu manifeste.	Avec disposition innée.

CAUSES DÉTERMINANTES.

Passage du chaud au froid humide ;	Vie sédentaire ;
Suppression brusque de la transpiration ;	Transpiration diminuée lentement ;
	Nourriture succulente ;
Mauvaise nourriture ;	Abus des liqueurs spiritueuses ;
Efforts.	Enervation physique et morale ;
	Le froid ne fait que révéler la maladie, mais ne l'engendre pas.

SIÉGE.

Rhumatisme.	Goutte.
Tissus fibreux et musculaires; Grandes articulations; Superficiel, mais étendu à plusieurs parties, à plusieurs articulations à la fois.	Capsules synoviales, ou les parties blanches des articulations, tissu musculaire intact; Douleurs profondes, mais articulations prises successivement, jamais toutes à la fois.

DÉBUT.

Brusque, sans dérangement antérieur.	Précédée d'un trouble des fonctions digestives, d'insomnie et de défaut d'énergie.

SYMPTÔMES.

Douleurs principalement aux articulations des membres, surtout à l'état aigu; Douleur comprimante gravative; Tumeur de l'articulation à l'état aigu; Rougeur peu intense, mobilité modérée dans le siége du mal; Pas d'altération à la peau.	Douleurs principalement aux articulations du gros orteil, précédées ou suivies de troubles des organes internes, surtout de l'estomac; Douleurs comparables à celles d'un aiguillon; élancements, déchirements, tuméfactions, rougeur foncée, mobilité extrême dans le siége du mal; Exsudations tophacées parfois.

DURÉE.

Première attaque longue.	Premier accès court.

TERMINAISON.

L'état chronique succède assez fréquemment à l'état aigu.	La résolution succède ordinairement d'une manière graduée à l'accès.

MÉTASTASES.

Peu fréquentes, lentes, rarement transport sur les organes internes.	Elles ont lieu promptement et fréquemment; souvent l'affection émigre sur les organes internes, les digestifs en particulier.

RÉCIDIVES.

Les retours des causes primitives de la maladie donnent lieu à des récidives. Attaques généralement irrégulières.	Les accès se reproduisent presque toujours quelques années après le premier; Les accès sont souvent périodiques.

PRONOSTIC.

Guérison radicale le plus souvent; La métastase en général non funeste.	Rarement guérison radicale métastase ordinairement funeste.

Les deux maladies dont nous venons d'exposer les principaux caractères différentiels sont néanmoins quelquefois assez difficiles à distinguer. Des modifications peuvent avoir lieu au point d'effacer ou du moins de rendre peu appréciables les différences qui les séparent. M. Guilbert a prétendu que la goutte vague simule, le plus ordinairement, les affections rhumatismales ; mais nous pensons qu'à l'aide d'un examen attentif, basé sur les éléments diagnostiques que nous venons d'indiquer , il sera extrêmement rare de ne pas pouvoir porter un jugement décisif.

Traitement.

L'expérience a démontré que les eaux de Barbotan pouvaient être très-nuisibles dans le traitement du rhumatisme articulaire aigu. Nous avons eu occasion en effet de constater la justesse de cette proposition. Néanmoins, l'honorable inspecteur des eaux, M. le docteur Lafaille, nous a affirmé qu'il avait eu quelques succès à l'état aigu. Quoi qu'il en soit, la grande réputation des Eaux et Boues de Barbotan a trait aux rhumatismes chroniques.

Pour un traitement thermal, il faut avant tout, avoir égard à la force et à la constitution du sujet, à son âge, à la nature, à l'ancienneté et à l'intensité de l'affection.

Le rhumatisme chronique récent peut affecter un caractère essentiellement douloureux ; dans ce cas, les bains devront être mis en usage au début, parce qu'ils ont par-dessus tout une action sédative bien manifeste ; ce n'est qu'après la cessation de l'éréthisme nerveux que l'on pourra passer aux Boues, dont la stimulation physiologique pourra s'exercer favorablement contre l'affection elle-même. Il sera en même temps avantageux de boire, une ou deux fois par jour, une faible dose de l'eau de la buvette sulfureuse, qui aura pour résultat d'augmenter l'énergie des organes digestifs , et partant les fonctions d'urination, de débarrasser enfin l'économie des principes qui sont de nature à entretenir l'état diathésique. L'eau en boisson, par son action diurétique, dépurative, est alors un adjuvant précieux de la médication anti-rhumatismale. Ce traitement convient et suffit même généralement dans les rhumatismes chroniques consécutifs à un état aigu, ou pour ceux dont la chronicité s'est établie d'emblée, mais qui ne remontent pas à une époque très-éloignée.

Quand on a affaire à des affections chroniques invétérées et de date ancienne, quand il y a faiblesse, atonie des parties malades, il est indispensable de recourir à des moyens plus énergiques. La douche alors est le vrai moyen d'excitation, de substitution ou de révulsion. Par ses effets physiques et chimiques, elle exerce une action locale ou générale qui donne lieu à une réaction physiologique proportionnée à sa durée et à sa température. Par la suractivité organique elle augmente la vitalité des parties affaiblies, et ramène l'énergie musculaire, par une élaboration plus complète, en excitant les fonctions assimilatrices.

Dans les rhumatismes chroniques avec engorgement, les douches ont pour résultat de dissiper la tuméfaction des parties rhumatisées ; en opérant sur elles un massage des plus efficaces. Les arthrites anciennes, les hydarthroses, l'hypertrophie ou l'atrophie résultant d'affections rhumatismales et même traumatiques, sont avantageusement traitées à Barbotan. On devra faire alterner les douches avec les boues, car avec les mêmes moyens les effets finissent par s'émousser. Il sera même utile, sans que la nécessité se présente, d'interrompre de temps en temps les douches ou les boues par quelques bains, afin que l'organisme soit éprouvé physiologiquement davantage après un temps de calme et de détente.

Quant au rhumatismes qui affectent certaine région en dehors des articulations, et qu'on désigne sous le nom de torticoli, pour la région postérieure du cou ; de pleurodynie, pour les muscles thoraciques ; de lombago, pour le rhumatisme des muscles lombaires ; de sciatique, de fémoro-poplitée, et diverses névropathies ; on devra, suivant l'intensité de la douleur, recourir au plus tôt à la douche en pluie ou en arrosoir, mais toujours débuter par des bains.

Quand l'énergie musculaire est comme paralysée, on cherchera à réagir sur les parties lésées sans négliger la racine des principaux troncs nerveux. Et si le creveau est le siége d'atrophie, d'induration, d'épanchement, on peut encore tirer de bons effets des douches par voie de révulsion. « Il est facile, dit, M. Gigot Suard, de s'expliquer comment une stimulation plus ou moins violente des extrémités nerveuses, provoquée par les douches et le massage, se communique à la moelle, qui réagit à son tour sur les parties auxquelles elle distribue la sensibilité et le mouvement (1). »

Nous terminerons ce court exposé des applications thermales, par une observation de névropathie assez remarquable, et guérie par les boues de Barbotan.

Le nommé L....., de Monheurt, âgé de 46 ans, tempéramment bilioso-sanguin, robuste, exerçant la profession de marin, fut atteint, il y a 25 ans, pendant l'hiver, de douleurs excessivement vives aux talons: sans apparences de rougeur ni de gonflement. Il nous raconte qu'il s'aidait de crosses pour marcher, osant à peine appuyer ses talons sur le sol ; la pression y déterminant, disait-il, la sensation d'épingles s'enfonçant dans les chairs. C'était insensiblement que ces douleurs étaient survenues. Il n'avait jamais eu d'affections rhumatismales et n'avait jamais vu de rhumatisme dans sa famille.

Traité pendant six mois sans aucun résultat, il fut envoyé à Barbotan vers le mois de juillet 1847. — Il prit quelques bains au début, mais ensuite il ne prit que des bains de boues. Le traitement dura trente jours, il était guéri déjà dès le huitième

---

(1) Isaac G..., déjà cité, écrivait en 1755 : « Nous remarquerons que les bains et » les boues deviennent inutiles ou nuisibles dans certains cas de rhumatisme, où » la cause de celui-ci gît seulement dans le ressort trop haut monté de la fibre » souffrante ; car de même que dans le rhumatisme causé par le relâchement de la » fibre, les médicaments toniques sont les seuls capables de le guérir; c'est ainsi » que dans la même maladie causée par la trop grande tension de la fibre souf- » frante, les relâchans sont les seuls auxquels on doive recourir. Or, il n'est point » douteux que les eaux de Barbotan ne soient un remède tonique, puisqu'en effet » les rhumatismes causés par le relâchement de la fibre *guérissent tous*, ou ils sont » extrêmement radoucis par ce remède ; au lieu que ceux causés par la trop grande » tension s'y exaspèrent. Isaac G..., ajoute plus loin : que dans ces cas de contre » indication, Barége offre les plus grands avantages. » Il n'est pas douteux que ces contre indications concernent le rhumatisme aigu, fébrile, congestif, convulsif, ou enfin symtomatique de quelque virus, présentant une certaine excitation organique avec raideur dans les parties susceptibles du mouvement. Tout en restant sédatives les eaux et boues de Barbotan sont excitatrices, elles agissent manifestement sur les lésions de la sensibilité, mais bien mieux contre les lésion de la motilité. Le Bois à Cauterets, est peut-être plus sédatif, mais ses eaux sont moins capables de réveiller l'énergie musculaire : C'est ce qui résulterait des appréciations de l'honorable médecin de Cauterets, M. Gigot Suard.

jour, m'assure-t-il ; mais il resta d'avantage pour bien consoli-
der sa guérison.

Après avoir passé 24 ans sans aucune souffrance, il fut repris
de la même affection au commencement de 1871. Comme la
première fois, il marchait en se soutenant sur des crosses, revint
à Barbotan l'été dernier, et s'en retourna, 18 jours après, radicalement guéri. Il se livre à des travaux assez pénibles ; et me
certifie qu'il n'a plus rien éprouvé depuis son retour.

Le genre de profession exercé par le nommé L......, laisserait
appréhender a priori que ses douleurs étaient de nature rhumatismale ; mais, si l'on tient compte de l'absence de douleurs
quand le pied ne reposait pas sur le sol, qu'il y avait calme parfait
la nuit, qu'il n'existait chez lui ni gonflement ni rougeur, ni la
moindre irradiation douloureuse dans les membres ; nous sommes forcés d'admettre que c'était une névropathie bien caractérisée, mais d'une cause inconnue, et dont les boues de Barbotan
avaient eu raison d'une manière éclatante.

Quelques considérations sur la Goutte.

Nous avons dit, au commencement de notre travail, que nous
reviendrions sur la question de savoir si les eaux et boues de
Barbotan étaient utiles ou nuisibles dans le traitement de la
goutte. Essayons d'arrêter notre opinion sur ce point de thérapeutique thermale. D'après l'honorable praticien de Cauterets,
M. Gigot Suard « les sources sulfureuses silicatées alcalines, telles
que les Œufs, Mahourat, César et les Espagnols, riches en sili-
cates de soude, sont très-efficaces contre l'asthritis et la goutte
atonique. Il est prouvé, ajoute-t-il, que l'acide urique rendu par
les malades se dissout promptement, entièrement et à froid dans
une dissolution de silicate de soude ; tandis que le même acide
ne peut-être dissout ni à froid ni à chaud par le bi-carbonate de
soude. Ce fait important établit en faveur des eaux silicatées alcalines une supériorité marquée sur les eaux carbonatées à base
de soude et de potasse , auxquelles on a recours ordinairement
pour combattre la diathèse urique. » D'après M. Pétrequin également, les eaux silicatées alcalines sont diurétiques, digestives,
et probablement fondantes et résolutives. Les eaux de Barbotan,

sans être très-riches en sels alcalins, nous ont cependant donné
lieu de constater une action physiologique bien manifeste sous
ce rapport, elles doivent par conséquent agir contre la goutte
avec une certaine intensité. Et si nous penchons à croire que les
eaux de Barbotan peuvent *parfois* être utiles dans le traitement
de cette affection, c'est précisément en raison de leur peu d'alcalinité relative; par cela même que les eaux alcalines *pures* sont
susceptibles de produire une prompte dissolution du sang (Gigot
Suard). En outre, toutes les sources renferment une assez forte
proportion de sels ferrugineux dont l'action a pour but de soutenir l'estomac et les fonctions digestives, si souvent languissan-
tes dans l'affection goutteuse.

Cullen rapporte que, dans le but de modérer le spasme inflammatoire de la partie affectée de goutte, on a proposé les
bains chauds et les bouillies émollientes. « On les a employées
quelquefois, dit-il, avec avantage et sans inconvénient ; mais
d'autres fois on a remarqué qu'ils avaient fait rentrer la goutte.»
Le célèbre observateur que nous venons de citer ne fait allusion
probablement qu'aux bains simples, qui sont essentiellement
émollients ; mais qu'eût-il pensé des bains sulfureux et exci-
tants ? Guilbert (1), se montrerait partisan des sulfureux ; mais
voici dans quelles circonstances : « les degrés de la goutte, dit-il,
doivent nous guider dans l'emploi des moyens. Sa mobilité fait
une loi de chercher à la rappeler et à la fixer loin des organes
les plus importants à la vie, sur les points du corps où elle ne
saurait exercer que de faibles ravages, et où elle est le plus susceptible d'être entraînée. En même temps, les moyens qui ont
dans leur emploi extérieur un effet répercussif, sont administrés
à l'intérieur; ils opèrent ce même effet répercussif, mais dans
une direction salutaire ; ce qui explique le nom d'anti-gout-
teux, donné au camphre, à l'éther, aux sulfureux, etc. » On
voit d'après ce qui précède, que cet auteur ne proscrit pas les
sulfureux, seulement il observe qu'on doit tenir grand compte
de l'état de la goutte, c'est-à-dire, de l'intensité relative des
douleurs. Les sulfureux, en effet, en activant intérieurement les

_____

(1) Dict. des scienc. méd., t. XIX, p. 269.

fonctions digestives et en excitant à l'extérieur la perspiration cutanée, remplissent les meilleures conditions pour atténuer les effets de la goutte. Les sécrétions lymphatiques suscitées avec ménagement, diminuent le flux séreux en l'évacuant par le double système exhalant.

Dans la goutte fixée sur les articulations, loin des organes essentiels à la vie, ce qu'il y a de mieux à faire, c'est de maintenir les accidents ou les afflux, comme on les dénomme ordinairement, là où ils se trouvent ; d'abaisser ou d'élever, dans une mesure convenable, toutes les circonstances susceptibles de les provoquer ou de les atténuer ; pour cela, il faut avoir égard à l'intensité de la fièvre, à la douleur, aux forces du malade et à la nature ainsi qu'à l'abondance des excrétions naturelles ou accidentelles.

Dans la goutte hors des articulations, se rapprochant d'organes importants, tels que l'estomac, les intestins ou le cœur, il importe alors de réagir sur des points éloignés, de mettre en jeu la mobilité de la goutte en sens opposé à sa marche nouvelle. C'est dans ces cas surtout que l'on pourra retirer quelque avantage des sulfureux, dont l'action diurétique, dépurative et stimulante à la fois, est apte à débarrasser l'économie de produits anormaux, à régulariser les fonctions sécrétoires en leur donnant une activité réparatrice favorable ; enfin, à réveiller les douleurs, l'excitation, à augmenter la pléthore lymphatique sur les points primitivement atteints au moyen des douches et des bains de boues.

Les médecins ne partagent pas tous la même manière de voir sur le traitement de la goutte par les eaux de Barbotan. C'est une opinion très-accréditée que leur usage expose à l'aggravation de cette maladie. Ne serait-il pas rationnel d'en rejeter les mauvais résultats sur le compte d'un emploi souvent mal approprié ? L'opinion professée par l'honorable praticien de Cazaubon, M. Labarthe, est de nature à le faire supposer, lorsqu'il dit : « C'est une grave erreur de croire que l'emploi des eaux de Barbotan est contre-indiqué dans le rhumatisme goutteux. » Nous sommes également de cet avis, mais nous pensons aussi qu'il faut agir avec la plus grande prudence ; s'enquérir de l'état des

principales fonctions, constater exactement l'intensité des symptômes apparents, noter avec soin les migrations, afin de ne pas
se laisser surprendre par des répercussions rapides et funestes.

Indications et contre-indications relatives à la goutte.

Les bains réussissent particulièrement dans la goutte œdéma-
teuse, vulgairement appelée froide, dans l'exanthématique,
dans la goutte vague, plus connue sous le nom de rhumatisme
goutteux ; mais leur action est plus incertaine dans les espèces
goutteuses compliquées de quelque virus.

Quant aux boues, elles sont rarement applicables, néanmoins, Duffau, de Mont-de-Marsan, assure que des goutteux,
ignorants, ou aveuglément adressés, en ont retiré d'heureux
effets, quand la goutte était régulière, et qu'il n'existait aucun
vice organique ; mais qu'elles avaient été funestes dans les cas
de goutte irrégulière, d'une affection organique bien déterminée, chez les asthmatiques et les poitrinaires. D'où il résulte que
l'on doit apporter la plus grande prudence dans l'application
d'un tel moyen de traitement.

Contre-indications des eaux et des boues en général.

1° *Des bains*. —Les personnes à poitrine délicate, celles qui
sont sujettes fréquemment à la toux, à une dyspnée d'un caractère humoral ou convulsif ; celles qui portent en elles un foyer
de suppuration, des ulcères chroniques, une hydropisie de
poitrine, soit aiguë, soit chronique ; les constitutions à fibre
irritable et d'un tempérament délicat, devront s'abstenir de
bains. Les sanguins, les bilieux secs et mobiles, à moins qu'on
n'ait corrigé préalablement ces dispositions par la saignée, la
purgation ou un régime diététique approprié, se dispenseront
de recourir aux bains chauds Il va sans dire que dans l'hypo-
thèse d'une affection squirrheuse, carcinomateuse ou virulente,
de quelque nature quelle soit, il y a indication de les annihiler
autant que possible avant d'user des bains.

2° *Des boues*. — D'après l'opinion que nous avons émise sur les effets physiologiques des boues, il est aisé de comprendre que les propriétés excitantes qui leur sont propres, commandent une plus grande prudence que les bains dans leur emploi. —Ainsi, les circonstances où les bains sont supposés douteux, seront des motifs formels de proscription contre les boues; à moins d'une indication spéciale. On devra donc s'en abstenir dans les cas de goutte irrégulière, dans les cas d'obstructions organiques, dans les débilités des principaux viscères, les névralgies symptomatiques, la pléthore sanguine, bilieuse ou humorale, enfin dans les cas d'éréthisme nerveux et fébrilo bien caractérisés.

Nous avions l'intention au début, de relater un plus grand nombre d'observations dans le cours de ce travail, ayant tous les éléments nécessaires et exerçant depuis près de vingt ans à proximité de Barbotan ; mais nous nous en croyons dispensé, d'abord par les proportions déjà considérables de notre opuscule, et ensuite par le peu d'importance qu'offrent très-souvent les longues séries de faits, plus propres à fatiguer le lecteur qu'à l'intéresser; surtout quand une station thermale, comme celle dont il s'agit, a pour elle une renommée qui repose sur l'expérience des siècles.

Enfin, si nous avons cherché à faire ressortir l'utilité des eaux et des boues de Barbotan dans un grand nombre de maladies, nous n'avons pas eu la futile prétention de les ériger en panacée universelle. Mais ce qui doit être aujourd'hui, selon nous, bien acquis à cette station, c'est une spécifité remarquable pour les affections rhumatismales, dont la notoriété publique concorde avec la tradition la plus ancienne. Nul doute que les affections des voies aériennes ne trouvent bien plus de soulagement aux eaux essentiellement sulfureuses des Pyrénées, à Cauterets, par exemple, mais on ne saurait néanmoins nier absolument les propriétés et les avantages des eaux de Barbotan, sous ce point de vue, comme sous beaucoup d'autres.

Cinquième Partie.

CONSEILS

AUX PERSONNES QUI DOIVENT FAIRE USAGE DES EAUX
DE BARBOTAN.

Dans le cours de notre travail, il nous est arrivé parfois de donner des avis relativement à la conduite à tenir aux eaux. Nous allons les rappeler et signaler en outre ceux dont l'observation mérite toute la circonspection des baigneurs. Nous ferons remarquer que dans cette partie de notre tâche nous ne pouvons formuler que des préceptes généraux, et qu'il appartient aux médecins des eaux d'en déterminer une application plus spéciale suivant les individualités.

A. Il ne suffit pas d'être dirigé vers une station thermale dont les principes minéralisateurs sont judicieusement indiqués contre l'affection que l'on veut combattre, il faut encore faire un choix parmi les sources qui s'y trouvent. Les vertus des eaux ont un rapport direct avec les éléments physiques qui les constituent. Les eaux sulfureuses agissent spécialement sur le système lymphatique et sur le système dermoïde ; les eaux acidules par leur qualité gazeuse, stimulent les nerfs et l'organe encéphalique. Les eaux ferrugineuses plus pénétrantes, provoquent les oscillations de l'appareil vasculaire. Les eaux salines brillent surtout par une action antiseptique. Mais toutes ces propriétés se confondent entre-elles dans beaucoup de circonstances, et ne peuvent être convenablement jugées que d'après les nombreux résultats de l'expérience, dont les médecins sont les dépositaires et auxquels, le bon sens le dit, revient le droit de déterminer et l'opportunité et le mode d'emploi. Quel est en effet le malade assez imprudent pour ne suivre que ses caprices dans le régime des eaux minérales, ou même les avis d'un praticien étranger à l'action thérapeutique propre à chacune des sources? Autant voudrait-il dire que l'on peut jouer impunément avec toute sorte de médicaments. Les avis du médecin doivent prévaloir, la raison le fait comprendre, le sentiment d'humanité nous oblige à le proclamer hautement.

B. Un usage qui n'est pas encore mis en pratique chez nous et que l'Allemagne, la Suisse et la Savoie observent avec grand succès, c'est l'interruption de l'emploi des eaux pendant trois ou quatre jours vers le milieu du traitement, avec recommandation de quitter momentanément la station pour quelque localité environnante. C'est presque comme si vous doubliez, votre saison, ajoute M. Nérée Boubée, ingénieur géologue, dont nous partageons la manière de voir. Nous savons en effet que la continuité d'un médicament peut produire l'accoutumance, ou un état de saturation qui neutralise ou perturbe les fonctions assimilatrices. « Dans les maladies chroniques (et ce sont les plus nombreuses que l'on traite aux eaux minérales), disent MM. Trousseau et Pidoux (Traité de thérapeutique génér. introd.)» On doit généralement agir par de petites doses répétées souvent et longtemps, avec le soin de varier le plus possible les remèdes succédanés les uns des autres, afin d'éviter le suétudisme et de tenir l'économie sous l'influence d'une action thérapeutique continue. Il faut aussi savoir *suspendre* de temps en temps les actions médicamenteuses, y revenir, les reprendre, les diversifier indéfiniment; il faut en un mot traiter chroniquement les maladies chroniques. »

C. Nous avons expliqué antérieurement pour quels motifs la température de la nuit était relativement plus élevée à Barbotan que dans les situations en dehors d'une thermalité particulière.

La fraîcheur des nuits que l'on redoute dans d'autres conditions n'offre pas ici le même danger. En sorte, qu'au temps des plus fortes chaleurs, juillet et août principalement, époque où les appartements sont parfois de véritables étuves sèches par le fait d'un rayonnement avec concentration du calorique ambiant ; dans ces circonstances, les baigneurs à constitution pléthorique, ou chez lesquels il existe une disposition congestive, agiraient prudemment de laisser une communication de l'air intérieur de la chambre avec l'extérieur. Nous avons par expérience éprouvé nous-mêmes, les accidents congestifs, que d'autres personnes ont ressenti également dans les mêmes conditions sans témoigner d'aucune prédisposition héréditaire ou acquise. Il suffirait seulement dans les moments de température excessive, de fixer les croisées avec un écartement très-léger. On peut ainsi organiser accidentellement un mode de ventillation, et le modifier à volonté suivant le temps et la susceptibilité individuelle. Cette simple précaution, loin d'avoir produit chez nous le moindre inconvénient, a eu pour résultat au contaire, de faire cesser aussitôt les symptômes fâcheux que nous venions d'éprouver.

D. Les personnes qui doivent venir à Barbotan doivent se pourvoir de vêtements chauds, de manteaux, et d'étoffes de laine surtout. La laine est le tissu des pays chauds, parce qu'elle préserve le corps des changements subits de l'atmosphère, et qu'elle a encore le précieux privilége de le soustraire aux émanations locales.

E. Nous avons dit implicitement plus haut combien il était important d'être réservé dans l'usage des eaux minérales, soit à l'intérieur, soit à l'extérieur. A doses élevées, elles sont de nature à violenter l'organisme et à produire des accidents fâcheux auxquels il n'est pas toujours possible de remédier. Prendre au début un quart de verre d'eau en boisson, matin et soir ; augmenter insensiblement chaque jour cette dose jusques à un verre matin et soir toujours 1 heure et demie avant le repas , vers la fin du traitement. Telle doit être la marche à suivre d'un malade prudent. Quant aux bains, aux douches et aux bains de boues, nous ne saurions en préciser la durée ; nous en disons de même de leur température et de la longueur du traitement. Cependant comme nous avons plusieurs fois noté des exagérations de la part des malades, nous dirons qu'un quart d'heure bien employé à la douche, suffit pour obtenir les effets qu'on doit en retirer , et qu'une heure est la limite d'un bain de boues ; dépasser cette durée, serait s'exposer à des réactions fâcheuses que nous avons fait prévoir.

F. M. Lambron, médecin distingué de Luchon, recommande la sobriété dans l'alimentation, comme étant une des conditions les plus favorables à l'action des eaux. Cet honorable praticien conseille avec beaucoup de raison : « Une nourriture variée , composée d'aliments en partie de nature animale , en partie de végétaux, de manière à atténuer par cette combinaison les propriétés trop exclusives de chacune de ces espèces en particulier. Mais , il fait une liste de proscription de certaines viandes de digestion difficile , telles que celles de porc , de canard , d'oie , de gibier ; de légumes secs , de salade, ainsi que des fruits acides. Ce radicalisme nous semblerait un peu trop sévère à l'égard de Barbotan , surtout si l'on se conforme à la sobriété et à la variété posées en principe par M. Lambron. Nous devons convenir que la plupart des maladies traitées à Luchon exigent, quand à la nature des aliments , plus de circonspection peut-être que celles que l'on traite habituellement à Barbotan. On devra ici comme ailleurs se priver de boissons trop excitantes, ou n'en user qu'avec grande modération.

G. Les effets physiologiques des eaux de Barbotan sur l'utérus et ses annexes, doivent engager les dames à suspendre momentanément le traitement dans les circonstances particulières ; mais elles pourront continuer l'usage des eaux en boisson, à moins qu'elles n'éprouvent des maux d'estomac , des coliques, une grande lassitude ou quelque névralgie d'une certaine intensité.

H. En général les baigneurs de Barbotan se livrent trop rarement à la promenade soit à pied, soit en voiture. L'exercice à pied, sur les côtes voisines augmente évidemment l'énergie des organes et imprime une activité nouvelle à toutes les fonctions.

L'air inspiré, à quelque distance du lieu habituellement fréquenté, étant en outre plus pur sur les points élevés, produira des effets réparateurs qui aideront avantageusement l'action physiologique des eaux minérales.

Nous recommandons aussi aux baigneurs de ne pas passer brusquement de l'air extérieur aux bains, aux boues et aux douches, et réciproquement; tous les établissements sont admirablement installés sous ce point de vue; ils offrent en effet de vastes promenoirs où quelques minutes d'attente, rendront moins sensibles les transitions de température.

Dans toutes les circonstances, n'importe le mode d'application de l'eau, on doit être à jeun pour en user.

I. Beaucoup de baigneurs ont l'habitude de se remettre au lit au sortir du bain, des douches ou des boues; nous croyons utile à ce propos qu'on en réfère au médecin qui dirige le traitement; et qui, d'après la température, l'état de l'atmosphère et celui du malade, pourra donner un indication avantageuse et rationnelle.

On n'ignore pas, qu'en été, la transpiration est facile après un bain, la chaleur du lit n'est-elle pas de nature à la provoquer davantage? Cela n'est pas douteux. Or, supposons que le médecin, veuille faire pénétrer dans l'organisme, par les voies de l'absorption cutanée, certains principes médicamenteux renfermés dans les eaux minérales. Est-il logique de déterminer la transpiration, c'est-à-dire, un mouvement physiologique opposé à celui que l'on s'efforce précisément de réaliser? En conséquence lorsque la température est douce, que l'air est calme et peu hygrométrique, nous engageons les baigneurs à renoncer à cette coutume, à se reposer au grand air en se livrant à quelque lecture, ou même à exécuter une très-courte promenade.

J. Si des cures merveilleuses s'opèrent chaque année dans les diverses stations thermales, il est une catégorie de malades pour lesquels l'action des eaux minérales est secondaire. Nous voulons parler des personnes qui se rendent à une station avec une indication thérapeutique déterminée sans doute, mais dont l'état de santé exige plus encore un changement d'air, de nourriture, et surtout un genre d'existence exempt de préoccupations et de fatigues habituelles. Tout le monde sait que le repos physique et moral est un des besoins les plus impérieux commandé par la nature. En effet, les exercices du corps ainsi que les contentions prolongées de l'esprit ne peuvent se continuer longtemps sans sa bienfaisante intervention. Il faut allier autant que possible le repos à l'exercice, et en ménager sagement le mode et la durée; c'est une des bases fondamentales de l'hygiène. Ecoutons les salutaires conseils d'Alibert (1) : « Je dois avertir, dit-il, que les plaisirs bruyants et tumultueux que l'on rencontre fréquemment aux eaux minérales, ne conviennent point à tous les malades. Celui qui veut soigner sérieusement sa santé, doit en conséquence s'en priver : Toutes les personnes souffran‑ tes ne sauraient supporter sans un préjudice notable pour leur susceptibilité nerveuse, le tourbillon et la gêne des assemblées nombreuses. Il en est dont l'âme a besoin de beaucoup de calme et de tranquillité, tandis qu'il en est d'autres auxquels les dis‑ tractions continuelles sont infiniment profitables. »

LA FRANCE ET L'ALLEMAGNE

AU POINT DE VUE DES EAUX ET BOUES MINÉRALES.

Au moment où la France, mutilée par un ennemi implacable, peut à peine calculer l'abaissement où la réduite la guerre la plus désastreuse qui soit consignée dans les annales de son histoire, le sentiment national doit éveiller dans le cœur de tout français, les idées les plus propres à reconquérir notre ancienne prépondérance. Mais, il ne faut pas se le dissimuler, c'est par

(1) Dict. des sci. méd., t. xi, p. 94.

l'intelligence et le travail surtout que nous devons arriver à un tel résultat ; c'est par une méthode rigoureuse en tout et pour tout, c'est par une discipline sévère, ainsi que nos superbes voisins nous en ont donné l'exemple, que nous parviendrons à reconstituer physiquement et moralement notre édifice social menacé dans sa base. Pénétrés de cette grande vérité, des hommes éminents dans la science se sont déjà mis à l'œuvre, et ont démontré, en ce qui concerne l'art de guérir, que la France n'avait rien à envier à l'Allemagne sous le rapport des sources minérales et thermo-minérales ; qu'elle était aussi riche que n'importe qu'elle contrée de l'Europe, et quelle pouvait ainsi suffire largement à tous les besoins de la thérapeutique thermale, sans aller solliciter de nos voisins une hospitalité peut-être mal accueillie. Une telle initiative patriotique fait le plus grand honneur au distingué professeur, M. Gubler, qui vient tout récemment d'inaugurer son cours d'été en exposant succinctement les ressources immenses que possède le sol français.

Mu par le même sentiment, j'ai pensé que cette idée appliquée aux Eaux et Boues de Barbotan pourrait offrir au lecteur quelque intérêt et faire ressortir nos avantages sur les Eaux et Boues de l'Allemagne. Traiter une telle question avec tous les développements qu'elle comporte est non-seulement une entreprise au-dessus de nos forces, mais encore presque impraticable par le manque de documents précis et concordants sur la topographie, et surtout sur la composition chimique de beaucoup d'entre elles. Aussi nous bornerons-nous à un exposé succinct des principales stations ; nous mettrons en évidence autant qu'il nous sera possible les principes minéralisateurs qui les distinguent, leurs propriétés et leur température propre ; et, de ce parallèle nous en déduirons les conclusions à l'avantage de chacune d'elles.

Enfin, nous dégageant de toute prévention, nous nous convaincrons par ces diverses considérations, aidées des conditions atmosphériques et climatériques les plus favorables, de l'incontestable efficacité de nos sources dans la thérapeutique thermale.

6

§ I.

Distribution géographique de la France.

Nous ne pouvons mieux faire que d'emprunter à l'annuaire des eaux de la France, les considérations qui vont suivre et que nous rapportons textuellement :

« On conçoit à priori que la composition des sources miné-rales d'une contrée ne peut être indépendante de sa structure minéralogique et géologique. Si l'on peut penser, en effet, que certains éléments des eaux minérales résultent de phénomènes étrangers aux roches immédiatement sous-jacentes, on ne peut se refuser à admettre que d'autres de ces matériaux existent dans le sol qu'elles traversent, soit qu'ils s'y trouvent sous la forme même qu'ils revêtent dans les eaux, soit qu'ils aient subis préalablement une transformation qui a facilité leur entraîne-ment.

« Mais, indépendamment de ces considérations qui pourraient jusqu'à un certain point, sembler le résultat d'idées préconçues, un simple coup d'œil jeté sur la carte des eaux minérales suffira pour nous convaincre que ces sources sont loin d'être distribuées partout uniformément. Sur un millier environ de sources miné-rales qu'on a signalées en France, huit cents au moins appar-tiennent aux régions montagneuses, et sortent de roches d'origine ignée, ou de terrains sédimentaires qui portent plus ou moins profondément l'empreinte de leur action.

« Si l'on va plus loin, et qu'on examine avec quelque soin la nature prédominante des eaux de telle ou telle contrée monta-gneuse, on ne tarde pas à s'apercevoir que là encore, il y a des préférences, et il ne sera pas difficile de voir, par exemple, que les eaux *acidules* sont aussi abondantes dans le massif central de la France que les sources dites *sulfureuses* le sont dans la chaîne des Pyrénées, etc. »

M. Durand-Fardel, *Dictionn. des Eaux minérales*, ajoute : « la France est certainement une des contrées les plus heureusement dotées, sous le rapport des eaux minérales, moins encore pour leur nombre absolu, que pour leur variété, qui nous offre les types les plus remarquables de toutes les minéralisations, combinées avec les températures les plus diverses. »

Au commencement de notre opuscule nous avons signalé de quelle importance ont joui les eaux minérales de la France, de Barbotan en particulier, puisque dans les fouilles exécutées à diverses époques on a trouvé de nombreux vestiges de l'occupation romaine. Ce peuple intelligent a laissé des traces d'embellissement dans les stations thermales qui dénotent le grand mérite qu'ils leur avaient accordé. Nous allons exposer dans un tableau les élémens principaux qui caractérissent les deux sources de la France pouvant rivaliser, au point de vue des affections rhumatismales surtout, avec les principales sources et boues de l'Allemagne.

TABLEAU COMPARATIF

des principes minéralisateurs des eaux de Barbotan-les-Bains, de St-Amand et des principales sources allemandes.

	SAINT-AMAND (sulfaté-calcique.)	BARBOTAN (ferrug. bicarbon.)	FRANZENSBAD (sulfatée sodique.)	MEINBERG (sulfatée mixte et sulfurée sodique.)	GLEYZEN (ferrug. bicarbon.)	MUSKAU (sulfatée ferrug.;)	ELSTER (sulfatée sodique ferrugineuse.)	SALZUNGEN (chlorurée sodiq.)	MAVIENBAD (sulfatée sodique.)	TEPLITZ (bicarb. sodique.)
Température.........	19.5	35-8	8 à 12°	7 à 12°	8-fr.	12°	10 à 13	fr.	7 à 10°	27°
Sulfate de prot. de fer..	//	//	//	//	//	0.183	//	//	//	//
— de magnésie...	//	//	//	0.142	//	//	//	//	0.065	0.459
— de potasse....	//	//	0 002	//	//	//	//	//	//	//
— de soude......	0.234	0.051	2.850	0.143	//	//	2.407	//	4.756	//
— de lithine.....	//	//	//	//	//	//	//	//	//	0.018
— de chaux.....	0.870	0.002	//	0.034	//	·0.424	//	5.778	//	//
— de stiontiane..	//	//	//	0.001	//	//	//	//	//	//
Carbonate manganeux..	//	traces consid.	0.005	0.001	//	//	//	//	0.005	0.084
— de chaux.....	0.066	0.021	0.165	0.055	//	//	//	//	0.603	0.334
— de stiontiane..	//	//	0.015	//	//	//	//	//	0.001	0.020
— de magnésie...	0.079	0.002	0.075	0.019	//	//	0.127	//	0.464	0.057
— de fer........	tr.	0.031	0.070	0.009	//	0.160	0.035	//	0.045	0.039
— de lithine.....	//	//	0.030	//	//	//	//	//	0.006	0.018
— de soude......	//	//	0.205	//	//	//	//	//	1.154	2.844
Chlorure de sodium....	0.048	0.021	0.930	//	//	//	1.525	28.934	1.453	0.458
— de magnésium.	0.095	0.010	//	//	//	//	//	//	//	//
— potassique....	//	tr.sen.	//	//	//	//	//	//	//	0.110
Iodure de sodium......	//	//	//	//	//	//	//	//	//	0.060
— de magnésium..	//	//	//	0.001	//	//	//	//	//	//
Bromure de magnésium	//	//	//	//	//	//	//	tr.	//	//
Phosphate d'alumine...	//	//	//	//	//	//	//	//	0.007	0.023
— de chaux....	//	//	0.025	//	//	//	//	//	0.002	//
— de magnésie..	//	//	0.010	//	//	//	//	//	//	//
Sulfure de sodium.....	//	//	//	0.003	//	//	//	//	//	//
Acide carbonique libre.	0.195	0.152	0.110	1.310	//	tr.	//	//	1.083	//
— hydrosulfurique..	tr.	tr.sen.	//	//	//	//	//	//	//	//
— silicique, ...	0.020	tr.sen.	//	//	//	//	//	//	//	//
Silice..............	//	0.029	0.040	0.007	//	0.035	0.032	//	0.088	0.330
Alumine.............	tr.	tr.sen.	//	0.001	//	0.017	//	//	//	//
Matière bitumineuse...	//	tr.sen.	//	//	//	//	//	//	//	//

§ II.

Après avoir relaté dans le tableau ci-joint, aussi complétement que possible, les quantités et la nature des éléments minéralisateurs des sources indiquées, livrons-nous à quelques considérations générales sur chacune d'elles.

FRANZENSBAD ! sulfatées sodiques. D'après M. Rotureau., la cure interne est le moyen thérapeutique de beaucoup le 'plus usité à cette station. A la dose de deux à six verres, le matin, à jeun, ces eaux, dit-on, agissent comme laxatives. Selon nous ce résultat est 'dû principalement à la proportion relative de sulfate de soude par litre de liquide (2,850) ainsi qu'à 0,930 de chlorure de sodium. Malgré que Barbotan ne présente pas dans ses eaux une si forte proportion des mêmes principes, nous obtenons un effet laxatif très-facilement, et cela avec des doses moindres que celles signalées plus haut. Il suffirait dans tous les cas pour bien s'assurer de l'obtenir, d'augmenter la dose ; car, il faut bien le dire, on boit peu d'eau à Barbotan par crainte d'être purgé.

En outre on attribue à Franzensbad des propriétés reconstituantes et légèrement excitantes, dues à la présence du carbonate de fer pour les premières, et à une quantité notable d'acide carbonique pour les secondes. Sans doute encore, l'analyse démontre pour Barbotan une infériorité du principe ferrugineux. Bien certainement cela n'aurait pas lieu si l'on avait procédé à l'analyse de la source ferro-manganique située à l'angle des Thermes, dont l'abondance des dépôts ocracés témoignent d'une grande richesse en principes ferrugineux. Quant aux propriétés excitantes, inutile de les revendiquer en faveur de Barbotan, l'expérience de chaque jour les place sous ce rapport en première ligne.

Chesneau, dans son discours et abrégé sur les propriétés des sources de Barbotan (en 1619), s'exprime en ces termes : « Ainsi » quoyque on ne trouve pas du nitre aux eaux de Barbotan, on » ne laissera pas pour cela de les appeler nitreuses, veu

» qu'elles purgent ; *quadam enim nitrositate*. Bien est vray que
» cette vertu purgative n'est pas si puissante comme en d'autres ;
» car quelques uns n'en sont pas purgés par bas quoy qu'ils le
» soient par urines , ainsi qu'eux mesmes m'ont asseuré. »
singulier langage sans doute , mais qui traduit néanmoins
clairement l'action diurétique rafraîchissante de nos eaux.

Quant aux qualités toniques, laissons parler Duffau, de Mont-
de-Marsan (en 1785) : « les bains et les boues de Barbotan
» rétablissent l'énergie des forces vitales musculaires ,
» donnent conséquemment de la mobilité aux humeurs qui
» circulent , et à celles qui sont stagnantes dans certains
» viscères lésés. Le gaz des eaux minérales , le phlogistique,
» c'est ainsi qu'il l'appelle , s'insinue par les pores absorbants,
» remonte leur force attractive , gênée par la compression ;
» agit afin sur les solides , à l'instar d'un stimulus , et excite la
» sensibilité propre à chaque partie. »

On voit par ce qui précède que Barbotan n'a rien à envier au
point de vue de la médication tonique reconstituante , des
médications excitantes, diurétiques et purgatives. Que cette
dernière en définitive peut être facilement aidée par une
augmentation dans les doses d'eaux minérales en boisson, par
le régime , et par quelques adjuvants que l'on se procure
aisément partout.

Au rapport de M. Rotureau (1) , *les Boues* de Franzensbad
sont franchement excitantes ; ce distingué médecin les signale
comme un simple adjuvant du traitement interne , « propre à
» produire une stimulation énergique à la peau, et produire des
» effets puissants de révulsion. » Il les signale dans les affections
« rhumatismales, dans les paralysies consécutives au rhumatisme
» lui-même et dans certaines névralgies rebelles. » — Si nous
rapprochons cette appréciation des effets constatés par Duffau (2),
de Mont-de-Marsan , déjà cité , nous démontrerons la parfaite
identité dans l'action thérapeutique des boues que nous compa-
« rons. Les boues de Barbotan, dit encore Duffau, procurent bien

(1) Dict. des eaux minérales, T. I p. 699.
(2) Duffau , recherches théoriques sur Barbotan. p. 11.

» plus fréquemment et plus efficacement la crise sudorifique ,
» l'agitation , l'orgasme fébrile , qui suit leur usage : On l'a vu
» dégénérer en une fièvre inflammatoire , qui a demandé la
» saignée et les rafraîchissements chez des hommes robustes.
» Plus loin il est dit qu'elles font éclore , des éruptions
» exanthématiques , dartreuses , psoriques , érysipélateuses...
» les douleurs les plus fixes , les plus anciennes résistent
» très-rarement à l'action des bains et des boues ;... les œdèmes
» se dissipent insensiblement... Les femmes et les filles
» nubiles éprouvent une anticipation de règles , ou une
» menstruation moins pénible et plus complète malgré l'usage
» des bains ; je ne connais pas un seul exemple de suppres-
» sion (*sic*). »

D'après ces termes de comparaison , dont on ne peut nier
l'authenticité , et surtout d'après l'expérience acquise sur les
boues de Barbotan , nous nous expliquerions difficilement les
motifs qui pourraient diriger les malades de préférence vers
les boues allemandes de Franzenbad.

MEINBERG. *Sulfatées mixtes et sulfurées sodiques.*

L'eau de ses sources contient une grande quantité d'acide
carbonique , ainsi que l'analyse le fait voir. Elle renferme aussi
du sulfure de sodium , et 0,143 par litre de sulfate de soude.
On les emploie dans les affections rhumatismales fixées surtout
aux articulations, dans les paralysies qui dépendent de quelque
trouble de l'innervation ou de suppression de transpiration, dans
les troubles de menstruation par faiblesse , et contre les manifestations lymphatiques et scrofuleuses. Mais est-ce que les eaux
de Barbotan ne sont pas également efficaces dans toutes ces
conditions ; et ne sont-elles pas chimiquement plus heureusement
constituées au point de vue des affections par débilité ; par
appauvrissement du sang ? En effet , Meinberg ne renferme
dans la composition de l'eau minérale que neuf millièmes de
carbonate de fer , tandis que Barbotan en fait constater
trente-un millièmes. Comme eaux minérales acidules , sans
approcher la proportion d'acide carbonique de Meinberg , il
est constant que Barbotan en contient beaucoup relativement.

Au sujet des boues de Meinberg , elles ne peuvent être comparables à celles de Barbotan du moment qu'on les échauffe à l'aide de courants de vapeur. L'échauffement artificiel altérant toujours plus ou moins les propriétés chimiques des eaux. Enfin l'analyse ne donne que sept millièmes de silice tandis que Barbotan en contient 29 millièmes et des traces d'acide silicique.

Nous devons mentionner les bains dits *de jaillissement* pratiqués à cette station. L'abondance des gaz à Barbotan permet assurément une utilisation analogue. Pour cela on fait arriver le gaz , par un système de tuyau criblé de trous et de robinets, au milieu d'une baignoire remplie d'eau et dans laquelle est plongé le malade. On a en vue par ce moyen de soumettre la surface de la peau à la double action du bain et d'un nombre infini de bulles gazeuses.

MUSKAU. *Sulfatées ferrugineuses.*

Les quantités relatives de sels ferreux rangent naturellement cette station au nombre des ferrugineuses proprement dites. Nous n'avons donc pas à établir aucun terme de comparaison entre elle et Barbotan principalement au point de vue des affections rhumatismales. Du reste la France possède un assez grand nombre de sources ferrugineuses pour se dispenser de recourir à l'étranger. On en compte en effet 73.

ELSTER. *Sulfatées sodiques (ferrugin.)*

Les proportions de sulfate de soude et de carbonate de magnésie constituent les principales propriétés de cette station. Elles sont par conséquent purgatives et diurétiques. Elles contiennent une proportion de silice équivalente à celle des eaux de Barbotan. On les administre dans la pléthore abdominale, les dyspepsies et les affections nerveuses dépendant de la chlorose et de l'anémie; ce qui est justifié par 0,035 millièmes de carbonate ferreux. Barbotan en contient 0,031 millièmes. Mais on n'a découvert dans la première station aucune trace d'acide carbonique de manganèse ni de barégine.

Le dictionnaire général des eaux minérales dit : «On utilise les boues d'Elster dans les paralysies rhumatismales et les maladies articulaires, mais moins efficacement qu'à Franzensbad.» Or, nous avons suffisamment démontré, que cette dernière station n'avait pas une supériorité marquée sur Barbotan, le lecteur peut juger en conséquence de l'inutilité à chercher au loin les avantages dont la nature nous a largement pourvu.

SALZUNGEN. *Chlorurées sodiques.*

Ces eaux renferment une très-grande quantité de chlorure de sodium ; elles sont fortement salines et peuvent à bon droit être assimilées aux eaux de mer. Elles contiennent en effet : 233 gr. 342 de chlorure de sodium ; 4 gr. 723 de chlorure de magnésium ; et 5 gr. 778 de sulfate de chaux ; de plus, elles sont froides. Elles sont employées à l'usage interne, elles sont tolérées par l'estomac grâce à la notable quantité d'acide carbonique qui entre dans leur composition. Bourbon, l'Archambault, la Bouboule, St-Nectaire, Balaruc, Uriage, Lamotte ; Boubonne, Salins, Soulz, Niederborn, Bourbon-Lancy, Luxeuil ; toutes ces eaux chlorurées sodiques, plus ou moins riches en éléments minéralisateurs, agissent comme des agents toniques et stimulants à la fois, sur la surface digestive et cutanée. C'est en vertu de leur action manifeste sur les phénomènes de l'assimilation qu'ils possèdent des propriétés résolutives assez caractérisées. Nous pouvons d'après ce qui précède, suppléer encore largement et avantageusement, aux eaux chlorurées salines, purgatives que possède l'Allemagne.

MARIENBAD. *Sulfatées sodiques.*

Il s'agit encore ici d'eaux fortement chargées en sels sodiques et d'une température froide ; elles renferment une notable proportion de fer et d'acide carbonique, aussi sont-elles facilement tolérées par l'estomac. Elles sont douées aussi de propriétés laxatives «contrebalançant l'effet opposé du principe ferrugineux » (*Dictionnaire général des eaux minérales*). A part l'action purgative à un très-haut degré, qu'il est possible d'obtenir du reste thérapeutiquement, ne voit-on pas la plus grande similitude d'action physiologique entre Barbotan et les eaux en question? MM. Durand-Fardel et Le Bret, disent formellement : «Les » eaux minérales de Marienbad ne nous semblent pas cependant » préférables aux eaux bicarbonatées sodiques, qui sont » moins répandues en Allemagne qu'en France. » Dans tous les documents historiques qui ont été en notre pouvoir, nous avons toujours trouvé les indications les plus explicites à l'endroit des obstructions organiques traitées à Barbotan.

Toeplitz. Bicarbonatées sodiques.

Ces eaux sont assez faiblement minéralisées ; mais elles possèdent une température exceptionnelle, qui va de 27° à 49°. Le professeur Secgen (1858) les place au nombre des eaux indifférentes (c'est-à-dire faibles), en considérant toutefois que la haute thermalité dont elles sont douées leur assigne le premier rang dans cette classe. On peut en effet se convaincre dans le tableau que nous avons dressé, qu'à part les sels de soude qui prédominent toujours en Allemagne (à cause des gisements de sel gemme), il y a analogie de composition, jusqu'à un certain point, avec les eaux bicarbonatées sodiques et ferrugineuses de Barbotan. La haute température propre à Tœplitz constitue-t-elle une supériorité réelle sur Barbotan? Nous convenons qu'elle peut constituer une source d'indications particulières, mais nous devons dire que, n'importe le mode de réfrigération forcé pour l'application, elle est de nature à atténuer singulièrement le mérite qu'on veut attribuer à cet excès de chaleur.

Isaac G... s'exprimait ainsi : « La nature a si bien su ménager » le degré de chaleur, tant des bains que des boues de Barbotan, » que bien loin de trop irriter le solide et d'effaroucher les » liqueurs, elles rendent la fléxibilité au premier, et ne tempèrent pas moins les dernières. » En d'autres termes au sortir des entrailles de la terre les eaux minérales de Barbotan possèdent une chaleur égale à la température normale du corps humain. Ce sont incontestablement les conditions les plus favorables aux effets thérapeutiques.

Ainsi qu'à Barbotan, on traite à Tœplitz le rhumatisme, sous ses formes chroniques, musculaire ou articulaire, et le rhuma-

· tisme goutteux atonique. Et, ce n'est pas seulement en faveur
de Barbotan que nous devons revendiquer le privilége de ces
ressources thérapeutiques, M. Osann, hydrologue allemand, a
attribué, avec justesse, la même spécialité aux eaux de Néris
et de Plombières en France. (Dictionnaire des eaux minérales,
tome 2, page 831).

SAINT-AMAND (France-nord) *sulfates calciques.*

Ce sont surtout les boues qui constituent la réputation de
Saint-Amand. Les bains de boue de Franzensbad donnent lieu
souvent à une éruption appelée *éruption des baigneurs.* Elle
s'accompagne de prurit, et sous forme d'une éruption miliaire
par places isolées. A Saint-Amand on ne constate guère que des
démangeaisons générales ; mais à Barbotan on voit fréquemment
se produire exactement les mêmes symptômes qu'à Franzensbad.

Au point de vue des éléments minéralisateurs, nous consta-
tons une assez forte proportion relative de sels de soude, de
chaux, de magnésie, tempérés par une abondance marquée
d'acide carbonique. Elles renferment très-peu de principes
ferrugineux et nulle trace de silice. Elles paraissent d'après
l'ensemble de ces éléments constitutifs, traduire un état
chimique de transition entre les sources du centre et du nord de
la France avec celles de l'Allemagne. Elles ont des propriétés
résolutives excessivement puissantes, s'appliquant avantageusement dans le rhumatisme chronique et les lésions qui en sont la
conséquence, telles que l'épaississement, l'hypertrophie des
ligaments, l'altération des cartilages articulaires, et des os eux-
mêmes; de la paralysie et de l'atrophie des muscles, etc. Et, pour
assurer ces avantages, les boues jouissant d'une température
beaucoup plus élevée que celles de l'Allemagne, le tableau que
nous en avons donné en fournit la preuve convaincante, à
l'exception de Tœplitz, où l'on utilise une source à 49°. Nous
avons dit plus haut ce que l'on devait penser de l'utilisation
d'une source à cette haute tempéreture, contentons-nous d'avouer
que, pour la ramener à un degré d'application convenable, on
doit faire subir plus ou moins d'altération à l'eau employée. Si
l'on ajoute qu'à Tœplitz encore, la tourbe employée aux bains

de boue n'offre pas de propriétés déterminées (*Dictionnaire des eaux minérales*, tome 2, page 830), on ne sera pas surpris si nous n'avons pas pour les boues d'Outre-Rhin le même enthousiasme que les habitants de ces contrées.

Nous pourrions encore opposer aux boues de l'Allemagne celles de Dax (Landes), désignées sous la dénomination romaine du nom d'*Aquæ Tarbellicæ*. On en tire un parti précieux, ainsi que de leur température élevée, dans le traitement du rhumatisme articulaire, musculaire, et des suites d'entorses, ainsi que des fractures.

Dans l'exposé succinct que nous venons de faire des eaux et boues de l'Allemagne, nous n'avons rencontré aucun indice de bitume ou d'odeur bitumineuse, tandis que ce caractère est très-marqué à Barbotan. Nous avons suffisamment développé au chapitre des boues les propriétés relatives à cet élément de composition, pour ne pas nous étendre davantage à ce sujet.

Enfin, comme dernière considération à l'avantage de Barbotan, nous signalerons la température élevée, tenant à sa situation topographique et à la latitude climatérique de cette contrée. Il n'est pas douteux pour nous que les conditions de calorification atmosphérique soient très-favorables à l'action physiologique des eaux et des boues, et nous avons la conviction même que les affections rhumatismales principalement seraient moins avantageusement traitées à cette station, si la température y était moins élevée et l'atmosphère moins calme.

Proclamons donc hautement avec les auteurs du Dictionnaire général des eaux minérales que : « la France est certainement » une des contrées le plus heureusement dotée sous le rap- » port des eaux minérales, moins encore pour leur nombre ab- » solu que pour leur variété, qui nous offre les types les plus » remarquables de toutes les minéralisations combinées avec les températures les plus diverses (1). »

Si nous comprenons bien cette vérité, si nous n'avons pas abjuré tout sentiment de patriotisme, nous ne serons pas tentés d'aller chercher ailleurs les précieux avantages dont la nature nous a abondamment pourvus.

(1) Dictionnaire général des eaux minérales, t. 1, p. 600.

Renseignements.

Le grand hôtel tenu par M. Corbin, fermier des eaux thermales de Barbotan, réunit tout le confortable possible. Aussi est-il avec raison très-apprécié par les baigneurs habitués au bien-être et au luxe. Il renferme plus de cent cinquante chambres très-bien meublées ; on y tient deux tables d'hôte, servies avec une abondance, une variété, un goût que l'on trouve rarement ailleurs réunis à ce point. C'est que M. Corbin, il faut le dire, met un amour-propre tout particulier à bien traiter ses visiteurs. En faisant son éloge, nous croyons être consciencieusement l'interprète de tous ceux qui sont descendus chez lui. L'hôtel renferme un immense salon de réunion avec piano et table de jeux.

Il existe, en outre, dans le village de Barbotan, un bon nombre d'hôtelleries, de restaurants, de cafés et de maisons particulières, où l'on trouve des logements spéciaux pour des ménages qui désirent vivre séparément. Empressons-nous de signaler aussi les égards pleins de politesse dont les étrangers sont l'objet de la part des habitants, qui sont d'une honnêteté et d'une affabilité vraiment édifiantes.

Afin de rendre le séjour de Barbotan le plus agréable possible, M. Corbin a disposé les terrains qui environnent les divers établissements thermaux, en jardins anglais et en nappes d'eaux.

Sous le massif de gigantesques platanes qui recouvrent les alentours de la grande route et des sources du Levant, il a fait construire un pavillon, avec billard, et pourvu de toutes les consommations désirables. Les environs de ce pavillon sont occupés par des étalages les plus variés en bijouterie, lingerie, nouveautés, objets de voyage, jouets d'enfants. etc.

Les personnes qui aiment le spectacle des courses de taureaux peuvent aisément et fréquemment se procurer cette satisfaction ; Gabarret, Cazaubon, Estang, Saint-Justin, etc., ont leurs arènes en permanence.

Il y a deux services de diligences quotidiennement : l'un d'Agen à Mont-de-Marsan , l'autre de Nérac à Barbotan. En sorte que chaque jour on a deux départs et deux arrivées.

On a encore à sa disposition des voitures particulières suivant les besoins et les goûts des étrangers, cabriolets et calèches confortables.

Par les divers moyens de communication . Barbotan est :

A 3 heures 1/2 de Nérac (voiture) ;

A 5 heures... de Port-Sainte-Marie (gare ch. de fer Midi) ;

A 6 heures... d'Agen (en voiture) ;

A 7 heures... de Bordeaux (voiture et chemin de fer) ;

A 3 heures... de Riscles (gare de Mont-de-Mars. à Tarbes) ;

A 3 heures 1/2 de Mont-de-Marsan (gare).

Les dépêches arrivent matin et soir à Barbotan ; un bureau télégraphique est installé dans l'établissement même du grand hôtel.

Enfin , le service médical y est assuré par un inspecteur , M. Lafaille, et par les médecins des localités voisines.

Nous n'avons pas la prétention d'avoir mis en relief tout ce que la station de Barbotan peut avoir d'avantageux pour l'humanité souffrante : le lecteur reconnaîtra peut-être bien des lacunes dans le modeste travail que nous offrons au public ; mais nous comptons sur son indulgence , par la raison que les analyses des eaux laissent encore à désirer , et qu'il n'a pas dépendu de nous de les expérimenter à nouveau ; que partant , l'action physiologique et les résultats thérapeutiques ne peuvent avoir encore une exacte définition. Nous aurons néanmoins la satisfaction d'avoir placé un jalon de plus sur la voie qui mènera un jour à la véritable théorie des effets thérapeutiques des eaux et boues de Barbotan , dont les éléments minéralisateurs sont si multiples, qu'une ère nouvelle de prospérité leur est assurée ; n'aurions-nous que le mérite d'avoir appelé l'attention de nos confrères sur leur importance actuelle , que nous nous trouverions suffisamment dédommagés de tous nos efforts.

FIN.

TABLE.

—

	Pages.
Avant-propos...	3

PREMIÈRE PARTIE.

§ I. Importance des eaux minérales............................	7
Documents historiques..................................	8
Topographie de Barbotan................................	11
§ II. Climatologie. — Saison des eaux.......................	12
Conditions hygiéniques.................................	13
§ III. Constitution médicale...............................	14

DEUXIÈME PARTIE.

§ I. Énumération des sources. — Description....................	15
Caractères généraux des eaux minérales ; leurs propriétés physiques, leur température...............................	16
§ II. Premier groupe. — Du couchant........................	17
A. Établissement des bains ou thermes ; installation ; analyse chimique de l'eau.......................................	17
B. Buvette ferro-manganique ; composition chimique..........	20
C. Bains Saint-Pierre.................................	20
§ III. Deuxième groupe. — Du levant........................	21
A. Buvette sulfureuse ; analyse chimique....................	21
B. Grotte des bains tempérés............................	22
C. Établissement de douches.............................	22
D. Boues communes....................................	23
Composition des boues ; origine ; théories hypothétiques........	24
E. Boues réservées.....................................	27

TROISIÈME PARTIE.

Action physiologique et pathogénétique des eaux et des boues.......	28
SECTION 1. Effets physiologiques et pathogénétiques des eaux en boisson..	29
§ I. Action sur les voies digestives..........................	29
§ II. Action sur la circulation.............................	30
§ III. Action sur les voies respiratoires......................	31

Pages.

§ IV. Action sur les organes genito-urinaires et rapprochement avec les sources du Bois et de la Raillère à Cauterets............ 31

§ V. Action sur le système nerveux. 32

§ VI. Action sur le système cutané.................... 33

§ VII. Action sur la chaleur animale............................ 33

SECTION II. § I. Effets physiologiques et pathogénétiques des eaux et des boues à l'extérieur................................ 34

Fièvre thermale... 36

§ II. Gargarismes. ,........ 37

QUATRIÈME PARTIE.

Thérapeutique. — Des divers modes d'emploi............... 38

§ I. Médication tonique reconstituante........................ 39

§ II. Médication révulsive 41

§ III. Médication substitutive 43

§ IV. Médication résolutive..................... 44

§ V. Médication, diurétique, dépurative, sudorifique............. 45

§ VI. Médication excitante.................................... 46

§ VII. Médication sédative. 47

§ VIII. Conclusion.. 49

Du rhumatisme en général................................ 55

Causes diverses.. 55

Siége... 61

Nature.. 63

Diagnostic... 64

Traitement... 67

Considérations générales sur la goutte. 70

Indications et contre indications... 73

CINQUIÈME PARTIE.

Conseils aux personnnes qui doivent faire usage des eaux et boues de Barbotan.. 75

La France et l'Allemagne, au point de vue des sources minérales.... 80

Renseignements divers.. 93

Toulouse, Impr. Louis et Jean-Matthieu Douladoure rue Saint-Rome, 39.

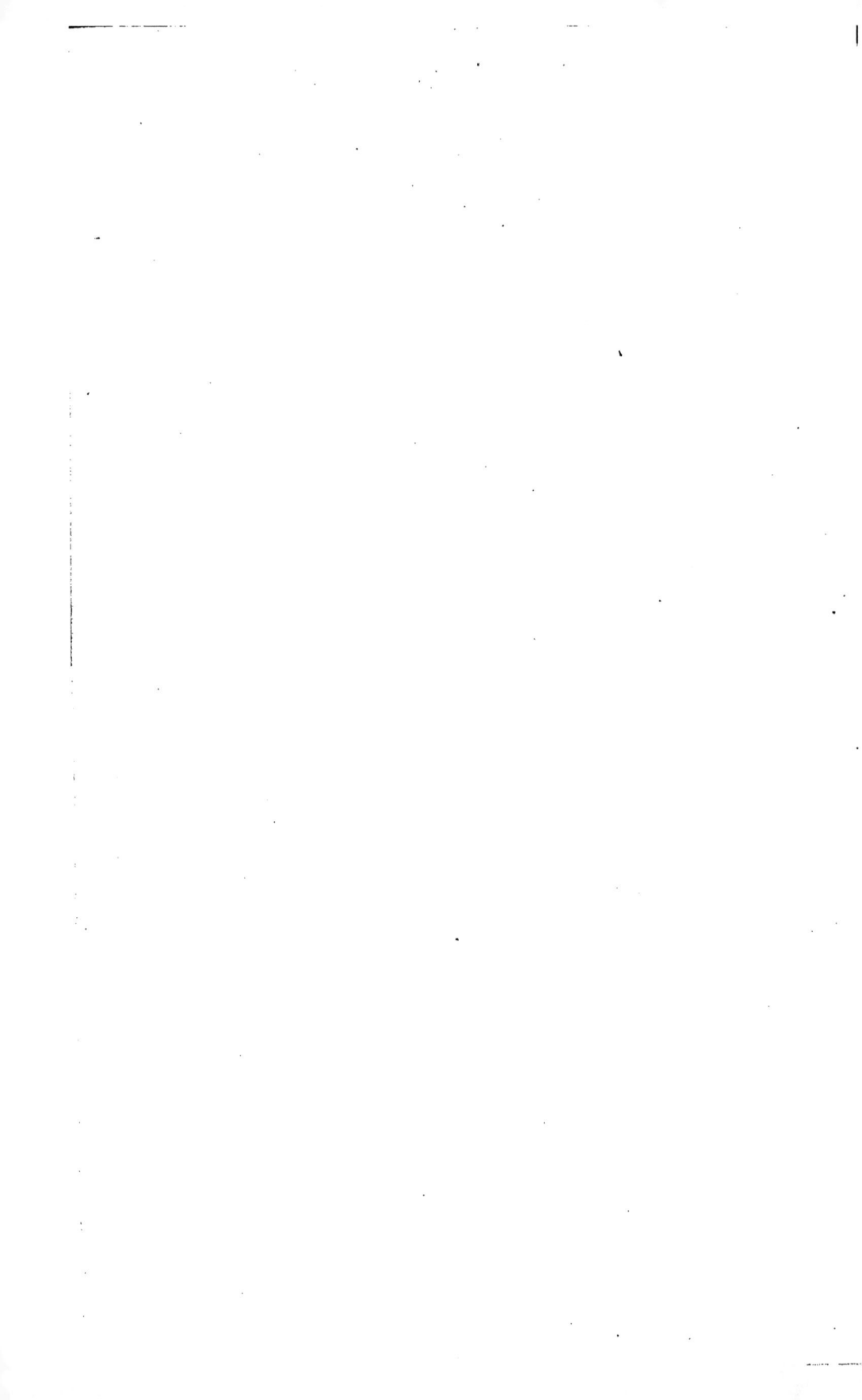

www.ingramcontent.com/pod-product-compliance
Lightning Source LLC
Chambersburg PA
CBHW060623200326
41521CB00007B/874